U0247271

数字时代的包装设计

面向电商的系统性方法

PACKAGING DESIGN IN THE DIGITAL AGE

A SYSTEMIC APPROACH TO E-COMMERCE

Silvia Barbero   *Amina Pereno*
[意] 西尔维娅·巴尔贝罗　[意] 阿米娜·佩雷诺　著

臧丹　谢玉梅　译

中国出版集团 东方出版中心

图书在版编目（CIP）数据

数字时代的包装设计：面向电商的系统性方法 /
（意）西尔维娅·巴尔贝罗，（意）阿米娜·佩雷诺著；
臧丹，谢玉梅译. -- 上海：东方出版中心，2024. 12.
ISBN 978-7-5473-2596-4

Ⅰ . TB482

中国国家版本馆CIP数据核字第2024YN0604号

数字时代的包装设计：面向电商的系统性方法

著　　者　[意]西尔维娅·巴尔贝罗　[意]阿米娜·佩雷诺
译　　者　臧　丹　谢玉梅
策划编辑　徐建梅
责任编辑　周心怡
封面设计　余佳佳　[意]费德里卡·卡尔达诺比莱
版式设计　余佳佳

出 版 人　陈义望
出版发行　东方出版中心
地　　址　上海市仙霞路345号
邮政编码　200336
电　　话　021-62417400
印 刷 者　上海万卷印刷股份有限公司

开　　本　890mm×1240mm　1/32
印　　张　5.125
字　　数　108千字
版　　次　2025年1月第1版
印　　次　2025年1月第1次印刷
定　　价　59.00元

目　录

前　言

　　电子商务是一个在快速增长的领域，几乎涉及所有的生产部门，且在全球层面产生重大影响。"按需经济"兴起并持续拓展到新的商业领域；尽管其未来并不明朗，但势必会改变我们的消费模式、供应链、竞争力以及地方和全球规则。电商时代的产品、包装、服务及系统的设计面临突出挑战，这些挑战是由与以往传统零售迥异的物流体系和买卖方之间的互动模式带来的。同时，公众对可持续发展日益强烈且广泛的关注也给电商的可持续性提出了新的要求。

　　在这种情况下，包装成了一个亟待解决的关键设计问题：它的保护性功能需适应电商中的物流变革，开箱体验是一项重要的营销和沟通策略，包装的质量和数量显著地影响着整体系统的可持续性。然而，由于电商系统的复杂性，包装设计要实现从产品视角到系统理念的变革，即在一个全新的系统语境中去考虑包装的变革潜力。

　　这一意识引发了奠定本书基础的双重研究。一方面，设计师们为应对电商领域包装演变而实施的设计策略的研究，不仅要考虑当前状况，还应当关注电商未来可能面临的多种情景；另一方面，通过分析当前系统、其关键点和可能的演变，电商系统的复杂性和抗解性使其成为系统设计一个有趣的应用领域。

1

因此，本书分为四章，分别介绍主题，展示与包装设计相关的方面、与系统设计相关的方面，最后从设计的角度概述该领域可持续发展的突出问题。

第一章介绍了电子商务世界及这一全球现象的独特性。详细探讨了按需经济和社交电商的概念，进而定义了设计师在购买模式数字化演变中的角色。因此，本章一方面讨论了整体主题，另一方面探讨了对该领域的具体设计方法。

第二章重点关注包装设计应对的各种新兴趋势，以及如何以创新的方法推动电商发展。本章不仅审视了包装的环境、经济和社会影响，还探讨了六大主要趋势，即灵活性、生命周期和重复利用、管理和回收、个性化、沟通、意识，并通过实践案例剖析将概念转化为现实。对每一趋势，本章详细分析了其中需要更多关注的设计特征。

第三章通过研究设计师行动语境的可能演变以进一步探讨前一章中展示的六个趋势。虽然设计师聚焦包装设计可以在一定程度上降低环境影响，但关注全球物流体系并通过设计可以改变整个系统并显著降低环境影响。系统设计方法可以帮助定义电商系统物流管理的创新未来情景。本章考虑了三种主要类型的电商市场：水平型电商市场（horizontal e-marketplaces）、垂直型电商市场（vertical e-marketplaces）和小规模零售商（smau-scale retailers）。

最后一章概述了实现电商系统走向更大可持续性所需的下一步措施。事实上，电商消费模式的演变要求新的生产和配送范式、新的沟通方式以及新的包装概念，包括产品和服务的概念。系统设计可以通过在不同层次上管理转型，并考虑现实与虚拟之间关系的多种变量，为该领域的创新作出重要贡献。

第一章
电子商务时代的设计挑战

　　电子商务的兴起已经彻底改变了我们的消费习惯，并且这些改变还在持续深化。这不仅包括我们购买产品的方式，还包括我们与卖家、制造商以及其他用户互动的形式。

　　电子商务受"按需经济"（on-demand economy）的影响，实现了从拥有产品到享受服务的转变。同样，"社交电商"（social commerce）① 改变了在线购物的方式，强化了生活在"增强现实"（augmented reality）② 维度中用户社区内的集体交流，其中真实和虚拟具有深度连接和一致性。

　　电子商务的发展不仅给该行业的主要参与者（生产商、零售

---

① Social commerce，也译作社会化电子商务、社交化电子商务。根据陶晓波等人（2015）在其《社会化商务研究述评与展望》一文中的阐述：社会化商务指的是用社会化媒体从事电子商务活动的模式，有四个关键要素，即社会化媒体、人际互动、商业意图与信息流动。

② 增强现实是建立在虚拟现实的概念基础上的，哥伦比亚大学教授史蒂文·费纳（Steven Feiner）（1994）指出，"未来最强大、最广泛的虚拟世界不会取代现实世界，而是用额外的信息来增强现实世界，这种技术被称为增强现实"。根据罗纳德·阿祖玛（Ronald T. Azuma）（1997）给出的定义：增强现实技术是一种基于计算机实时计算和多传感器融合，通过对人的视觉、听觉、嗅觉、触觉等感受进行模拟和再输出，将现实世界与虚拟信息结合起来的技术，其中三维虚拟物体被实时整合到三维真实环境中。

商、配送商）带来了巨大的新挑战，而且给在许多方面与电子商务打交道的设计师带来了挑战。因此，本章介绍了设计在电子商务场景下的双重作用及其所需的应对策略：一方面是系统视角（systemic perspective）（电子商务策略的数据可视化；多利益相关者系统的系统设计），另一方面是产品视角［面向新数字消费场景下的产品；面向实物互联网（Physical Internet）[①] 的包装］。这些设计挑战与本书研究的核心主题密切相关，即推动电子商务可持续发展的可能性。这需要我们每个人的共同努力，而设计在其中扮演着重要角色，包括包装设计，因为包装不仅是电子商务系统的一个元素，而且是系统和产品之间的协调者。

1.1　按需经济与电子商务的演变

电子商务代表着一个快速发展的经济现象，彻底改变了全球商业的运作方式：它通过增加商品的可购性和选择性，使人们能够随时随地购买所需商品（Long，2019）。电子商务革命几乎影响了所有生产部门，为公司和零售商创造了全新的机会，但正由于它在全球范围内所产生的实质性影响，它也给我们带来了全新的挑战。

电商行业已经展现并仍将持续展现令人惊叹的增长表现，根据

---

① Physical Internet，业界也有诠释为云联网、智慧物流网、物流互联网、实体互联网等，切忌与物联网（IoT，即 Internet of Things）混为一谈，此“物”非彼“物”。根据喜崇彬（2019）在其《Physical Internet，面向未来的全新物流理论》一文中的阐述：该概念是班旺·蒙特尔（Benoit Montreuil）教授受互联网产业发展启示，开创性提出的新一代物流体系构建理论，该理论致力于将互联网原则应用于物流，建立一个全球开放、互联的物流网络，其使用一组协作协议和标准化的智能接口，以发送和接收被标准模块承载工具承载的实体商品。

数字商务360（Digital Commerce 360）① 2019 年的统计数据，2018 年全球网络销售额增长 18％，接近三万亿美元。虽然美国和中国在全球网络零售业处于领先地位，占全球实物商品电商销售额的一半以上，但电子商务正在全球范围内扩张，并同时改变着人们在线购物和实体店购物的方式。电子商务基金会（Ecommerce Foundation）② 2019 年的报告显示，电子商务正在促进传统零售业重新思考其经营方式，通过策划产品选择和举办营造活动使购物体验更加动态化和个性化（personalisation），并与移动和社交内容紧密联系。

与此同时，按需经济——"一个在需求触发下提供即时获取商品和服务的数字市场，通常由合同工或零工（gig workers）交付"（Kerrigan, 2018）——正在蓬勃发展并扩展新业态。这一现象正在将电商的业务从在线销售产品转向提供服务。在这种情况下，网络技术用于连接供应商和消费者，以一种具有成本效益的、可扩展的且高效的方式满足用户需求。此外，就这一点而言，用户的网络习惯正在改变传统服务，重塑人们用餐、旅行和互动的方式。

尽管电商的未来仍不明朗，但它必将改变消费模式、供应链、竞争力以及地方和全球规则（Netcomm, 2018）。这些改变反过来又给电商带来了全新挑战，这些挑战正在影响整个电商系统的发

---

① Digital Commerce 360 是一家专注于电子商务和数字营销的研究与媒体公司。该公司致力于提供深入的市场分析、行业研究报告和新闻资讯，帮助企业理解和应对电子商务领域的快速变化和复杂性。

② Ecommerce Foundation 是一个独立的非营利组织，由欧洲电商协会（Ecommerce Europe）、全球其他国家和地区的电子商务协会以及来自不同行业的在线和全渠道销售公司发起。它聚焦三大支柱服务以促进全球数字交易的发展：电子商务维基（EcommerceWiki）、国家电子商务报告（the National Ecommerce Reports），以及提供安全购物体验的平台 Safe. Shop。

展，也影响在其中流动的产品和服务。

消费模式：根据欧盟关于信息和通信技术的调查（Eurostat,
2018），2018 年欧盟 69％的互联网用户在网上购物。在线购物者的增
长意味着购买习惯的根本改变：购物变得随时随地可行。特别是，移
动设备模糊了实体店和在线体验之间的界限，这两个渠道不再是相互
独立的，我们可以同时使用以改善购物体验。埃森哲互动（Accenture
Interactive)[①] 2018 年的调查显示，超过 90％的网购用户更倾向于在那
些能够识别、记住并为他们提供定制化（customisation）信息的品牌购
物。这种个性化的品牌-用户关系并不局限于在线购物，还涉及不同
类型的数字平台（主要是社交媒体）以及从临时商店到实体店等各
种物理环境。这一趋势被总结为全渠道体验（omnichannel
experience)[②]：生产者和用户之间的关系在不同的渠道间进行，这些
渠道被有效地整合在一起，允许随时随地进行一致且个性化的交互。

供应链：事实证明，传统的供应链管理（Supply Chain
Management, SCM）不适合管理电子商务物流。当前的供应链管
理系统仍然基于手动流程，且仓库管理尚未与物流渠道完全整合。
正如卡伊奇（Kayikci）(2019) 所说："新的电商技术有潜力提供更
高的效率和透明度，并导致供应链内部发生重大变革，带来新的经
营方式、提高可见性并改变配送渠道，包括新的中间商。"（第 5368

[①] 埃森哲互动是埃森哲旗下的数字营销服务机构，凭借数字营销的创造力、商业咨
　　询的洞察力以及数字技术的赋能，融合了商业咨询公司、创意机构和技术中心的
　　能力，致力于设计和创造以用户为中心的数字服务和产品，并为品牌在数字时代
　　创造最好的体验。
[②] 全渠道体验是在所有渠道上营销、销售和服务客户，以创建无论客户以何种方式
　　或从何处接触都能享受的集成式的客户体验。

页）电子商务的兴起带来了新的需求：从直面消费者（direct to consumer, DTC）的渠道转变，到对逆向物流（reverse logistics）[1] 的需求，再到订单的自动化。事实上在这种情况下，商家更需要采用全渠道的方法，以便走向新的供应链系统。物流必须能够整合不同的战略和渠道，物联网、人工智能（Artificial Intelligence）、大数据分析和数字自动化等是当下供应链正在采用的创新，以更好地回应更快补货和更快交货的需求。对于电子商务供应链管理来说，"最后一公里物流"（last-mile logistics）至关重要，零售商正倾向于规模更小的配送中心（fulfilment-focused），以提高需求的接近性，旨在更接近客户（Auburn University CSCI, 2018）。

竞争力：领先的零售商，如亚马逊，一直是在线销售的领跑者，并持续改变市场规则。网络用户逐渐习惯了一至两天的到货服务，并认为这在电子商务中应该是常态。首先，这导致了新的物流挑战，可能在地方层面带来重要创新。其次，奥本大学（Auburn University CSCI）（2018）的报告强调了"扩大的配送网络（fulfilment network）[2]，包括越库中心（cross-docks）、兼做本地配送中心的商店、枢纽站（transfer hubs）等本地化的网络，如何使当日和次日服务成为可能。为了在即时送（Prime Now）[3] 世界中保持竞争力，这种变革正是零售商所亟须的"。如果说电商一方面创造了新的本地利

---

[1] 逆向物流是指与传统供应链反向的一系列计划、管理和控制流程，它涉及对原材料、中间库存、最终产品及相关信息从消费地返回到发货地的流动，目的是为了价值恢复或合理处置。
[2] 配送网络意味着可以使用许多覆盖范围广泛的第三方物流提供商的服务。
[3] 即时送是亚马逊旗下的一小时送达服务，让快递员骑自行车上门送货，所有的订单可以通过移动端完成下单，同时客户可以实时观察快递员的运输情况。

益相关者，另一方面，它无疑也将本地市场推向了全球竞争。这种竞争不仅源于不同品牌间的直接竞争，而且存在于市场上涌现的成千上万的新商家。为了保持竞争力，零售商不仅需要与其用户建立关系，还需要建立一个可信赖的供应链体系，在便利性、质量和可靠性之间找到平衡。

规则：近年来，互联网正在引发我们经济结构的转变，国内市场被拓宽到全球层面。但与此同时，在全球层面上真正实现在线跨境贸易自由化之前，仍有许多障碍需要消除（Van Cleynenbreugel，2017）。由于电子商务系统的复杂性以及自由市场创新和地方法规之间的微妙关系，现行规则还需要调整。然而，"监管机构可能会发现越来越难以跟上技术创新和市场变化的步伐，当它们真的对技术和市场有所掌握、采取行动的时候，很可能已经产生滞后效应，从而减缓技术演变和创新的步伐"（Liu, Kauffman & Ma, 2015）。规则试图在保护地方经济和确保网络安全的同时促进在线贸易。特别是，虽然"点对点市场"，如易贝（eBay）、优步（Uber）和爱彼迎（Airbnb）等，使小微供应商能够与较大的产品或服务提供商竞争，但也带来了诸如逃税、许可和认证、数据管理和就业监管等重大监管及立法挑战（Einav, Farronato & Levin, 2016）。在无国界的互联网市场中，国家法规的实施是一个亟须解决的关键问题，并将影响我们对未来电子商务服务和系统的设计。

1.2 社交电商：环境与社会的紧密联系

数字时代正在重塑我们的生活方式和互动模式。尽管信息技术深刻地改变了全球通信规则，但社交媒体的出现却永久性改变了人类互动的模式。正如数字社会学家亚历克西亚·马多克斯（Alexia Maddox）（2016）所指出的那样："在进行当代社会社区研究时，研究人员所面临的最重大的挑战之一是数字网络技术与社会性的交织。这种数字化增强的社会连通性既为社区体验开辟了新空间，又在如何表征社会参与在线上和线下环境中的移动方面，分裂了研究方法和理论。"

随着数字时代的到来，许多社会学家开始把虚拟世界和现实世界视为由两个独立的且分离的领域组成的二元体系，其中网络上的自我被认为是虚假的、被构建的，而面对面的自我才是自发的、真实的（Suler，2016）。然而，许多研究人员很快意识到，这种被称为"数字二元论"（digital dualism）的方法过度简化了人们的行为和他们所分析的同一现实。线上和线下世界并非对立的，而是不可分割地联系在一起的两个不同领域。杰金逊（Jurgenson）（2012）将其称为一种新的"增强现实"，在这种现实中，"我们的自我并不像某种二元论的'第一'和'第二'自我那样分隔在现实和虚拟中，而是作为一个增强的自我"（Jurgenson，2011）。这导致了许多后果，我们在此不作讨论。从设计的角度来看，我们关心的是去分析电子商务交互的数字和物理内涵，从而了解电商系统在社会赋权和环境可持续性方面的潜力。

从上述讨论可以看出，电商并非完全脱离现实的虚拟平台，相反，其发展趋势是与实体店建立联系，以提供一致的购物体验。在线市场通过向买卖双方提供实时信息和增值服务，提供比任何实体店都更广泛的产品种类（Kestenbaum，2017）。然而，经验性的体验并没有被虚拟体验所取代，相反，人们寻求全新的且创新的关系，如"开箱体验"（unboxing experience）、包裹代收点等。可以说，我们正在向新的"增强"市场迈进，其中线上和线下贸易互动，使企业能够更接近它们的消费者。因此，电商正允许人们通过使用信息技术走到一起（Leonard & Jones, 2015）。在企业对消费者（B2C）和消费者对消费者（C2C）的市场中，基于购买和销售商品及服务的买卖双方的关系，是通过数字基础设施进行调节的。

然而，与 Web 2.0 工具的交互通常带来更社交化和协作式的在线市场（Parise & Guinan, 2008），用户通过生成和分享内容来增加价值，从而增强了在线市场。社交媒体与传统电子商务网站的这种整合被定义为"社交电商"（Wang, Lin & Spencer, 2019）。正如黄（Huang）和本尤西夫（Benyoucef）（2013）所阐述的："社交媒体和 Web 2.0 的快速发展为电子商务从'以产品为导向'转变为'以社会及客户为中心'提供了巨大的潜力。从本质上讲，社交媒体是指建立在 Web 2.0 基础上的互联网应用程序，而 Web 2.0 则是一个利用集体智慧的概念和平台。在这种环境中，客户可以访问并获得社会知识和经验，以支持他们更好地理解他们在线购物的意图，并做出更明智和准确的购买决定。"

我们购买、穿戴和使用的商品始终具有强烈的社会价值，代表我们自己与他人的关系。然而，在社交电商中，搜索和购买行为成为被网络放大的社会现象：用户积极寻求在线社交支持（online social support），即"个人通过社交媒体与同伴协作的在线行为"（Hajli & Sims, 2015）。购买和社交分享之间的这种创造性的、经常是不可预测的联系体现了一种新的社会挑战，它不仅影响市场营销，而且也影响电商中产品和服务的设计。

人们彼此间的互动方式涉及社会领域，会产生一系列社会议题，诸如用户在线上和线下系统中的参与和赋权等。然而，电子商务的社会影响也与其环境影响有关：电子商务系统的可持续性深受用户行为方式的影响，也和商家创造涉及彼此和供应链环境问题的新关系、新信息密切相关。阿里巴巴集团的联合创始人马云表示，"纯粹的电子商务将沦为传统业务，并被新零售（New Retail）所取代，新零售是线上、线下、物流以及数据的价值链整合"（Ecommerce Foundation, 2019）。基于此概念，我们得以窥见未来电商发展的共同愿景，基于对该行业系统复杂性的整体感知。这种复杂性包括虚拟世界与现实世界紧密联系所造成的社会和环境双重影响。

电子商务有机会通过增强意识影响个人践行可持续行为。在网络上，我们有机会以交互式和个性化的方式提供大量信息，这意味着用户能够被引导去做出更明智的购买决策。这可能会鼓励用户对电商可持续发展的关注，例如不同货运类型和货运速度可能会对环境产生不同的影响，而这可以由用户决定。同时，在从运输和包装优化到更可持续的"最后一公里物流"这一整个供应链设计上也应该采取行动，以减轻对物流系统的不利影响。因此，数字行为和环境意识是密切相关的，设计师在开发新的设计策略时应将其视为一体（unicum）。

1.3 设计师在购买模式数字化演变中的角色

电子商务复杂的物理-数字系统带来了人与人、生产商和销售商之间的新的交互方式，并且催生出新角色，如最后一公里快递员。不可否认，电商也标志着物流企业和利益相关者之间关系的范式转变。这两个方面都不可避免地导致人们对通过网络购买或提供的产品及服务产生认知转变。如果数字服务的发展更可感知、增长更快，那么实体商品领域正慢慢向新的、与以往不同的在线购物方式转变。

在这种全新的复杂场景下，设计师被要求扮演一个有创新性且更具挑战性的角色：一方面，他们不仅要在已经形成特定规则的现有语境中采取行动，而且要面对来自技术和物流方面的种种制约；另一方面，他们必须具有对尚不明朗的未来场景的预见能力，并为促进场景转变而努力。事实上，设计师在处理以用户为中心的问题上的创造性方法论，可以为规划可持续的电商发展道路作出重要贡献。所有的设计学科，尽管在应对的主题和使用的工具上有所不同，但都旨在理解人们的问题，并根据用户的社会和文化背景创造出满足他们需求的解决方案。此外，管理复杂性的设计知识对于像电商这样的复杂行业来说是一个极具吸引力的技能。正如多斯特（Dorst）（2011）所说："多年来，设计师们一直在处理开放的、复杂的问题，并且设计学科已经发展出详尽的专业实践来应对它们。处理这些问题的挑战使得我们对设计师创造'框架'（frames）的方式，以及设计组织在其实践领域处理框架的方式产生了特别兴趣。"

所谓的"设计思维"，即"以技术上可实现、战略上可实施的方式满足人们需求和愿望的方法"（Brown，2008），代表了一个系统性的创新过程，旨在深刻理解用户的愿望和需求，设计出包容且有效的解决方案以回应用户的真实问题。设计的角色包括创造人工物，这仍然是设计的基本任务，但在一个复杂的系统中，它必须更进一步，从系统的角度规划设计活动。设计师要使系统更清晰易懂，不仅需要关注他们正在设计的人工物，而且要加强对包括人工物和用户在内的整个系统的关注。

在电子商务中，从系统角度解决设计问题的能力至关重要。这一研究领域的复杂性需要一种多层次（multi-level）的方法，可以从全球领域切换到地方层面，考虑所涉及的所有相关因素。电子商务已经与国际供应链合作，并且监管框架（主要是欧洲的监管框架①）正在努力开放数字市场、促进跨境贸易。与此同时，电子商务利益相关者在地方层面的广泛存在对于加速"最后一公里物流"是必要的。此外，数字市场的自由化并不能简化全球用户的巨大文化和行为差异。因此，在电子商务领域，如何在复杂且多利益相关者系统中管理以用户为中心的问题，是设计师必不可少的专业知识。

设计师需要应对电子商务的不同方面，处理包括产品存储、交付和管理等在内的挑战，同时定义信息流和沟通策略，使系统更有效并以用户为中心。因此，当设计师与数字服务系统和电商平台协作时，需要双重视角：系统视角和产品视角。

系统视角：已有文献从亚马逊和其他全球行业巨头开始，对影响网络平台成功与否的设计要素进行了大量研究。这些研究主要集

---

① 例如，欧盟出台的《数字市场法案》（Digital Markets Act），意在明确大型数字服务提供者的责任，遏制大型网络平台企业的非竞争性行为，确保数字市场的公平和开放。

中在在线服务的交互性和用户体验上，即如何设计一种使互联网上的商业交易过程简单、有效且富有吸引力的服务。在电子商务出现之初，晋宇（Jinwoo）和郑远（Jungwon）（2002）将交易系统的各个阶段（信息、协议、结算）与影响电子商务平台的设计要素（内容、结构、交互、呈现方式）联系起来，以定义用户对服务质量的感知和期望。结果，他们指出："整体服务质量可以被分为五个代表不同服务属性的维度：有形性（tangibility）、可靠性（reliability）、响应性（responsiveness）、保证性（assurance）和移情（empathy）。"这一模型在一般形式上仍然适用，特别是电子商务系统的"移情"概念，即系统给予用户的关怀和个性化关注，是当前系统设计中的一个关键因素。然而，电商整体的服务规模已经发生了根本性的变化，服务的有效性不能只考虑在线电商平台，因为它只是更大范围的电商系统的数字化部分。如果说在 21 世纪初，要设想出一个专门用于电子商务的全新物理系统有点困难的话，那么今天，数字系统已经彻底改变了物理系统，不能将电子商务仅仅视为一种纯粹的数字服务。例如，电子商务服务的"有形性"不再仅仅是指在线电商平台的视觉层面，还由交付系统、允许对所购产品进行开箱且通常与相应实体店密切关联的包装系统共同决定。此外，物理-数字系统旨在服务物理-数字用户，在过去 20 年里，在一个实体世界和数字世界相结合的社会中，用户从根本上改变了他们沟通、互动和生活的方式。

设计一直在为电子商务平台的概念作出贡献，面临着可用性、沟通效率和信息管理等重要挑战。多年来，设计师创造了越来越直观且易于使用的在线平台，用户可以在这些平台上搜索信息并浏览全系列产品，使购买过程更快、更容易、更可靠，就像亚马逊的"一键购买"（Buy now with 1-Click）① 那样。如今，设计师系统思考的能力开启了两个全系统的挑战。

一是电子商务策略的数据可视化。电子商务用户数量的递增导致可用数据的指数级增长，这些数据描述了用户的需求、选择、与其他用户以及与系统交互的方式。此外，物流阶段的可追溯性也产生了描述涉众、时间尺度和系统影响的复杂信息流。数据可视化使人们能够概念化并掌握大量数据，将复杂的分析转化为经理人和战略咨询师可以轻松阅读及分享的图形和表格。管理信息流并使系统的复杂性易于理解是设计师的技能，可以帮助提高电子商务系统的有效性和可持续性。

二是多利益相关者系统的系统设计。物流系统的演变改变了电商订单流管理所涉及的职业类型，催生出了新的利益相关者。一方面，快递服务正在加速推进"当日送达"服务，改进固定日期配送，便捷了取件和退货服务。另一方面，公共和私人利益相关者正在努力，特别是在城市层面，通过为单个用户配备就近取货点，引入优化的物流配送模式（联合配送）。城市必须增强其弹性，从根本上反思和重新设计商品在供应链上的流动方式。在这种情况下，用户必须成为一个全面的参与者（Freight Leaders Council, 2017）。

---

① "一键购买"是亚马逊于 1999 年推出的一种简化在线购物流程的创新功能，旨在提升用户的购物体验。用户通过单击按钮直接购买商品，而无须经历传统的购物车和结账流程，订单会根据预设的付款方式和配送地址进行处理，生成订单并发送确认邮件。由于用户无须每次手动输入信息，且省去了繁琐的结账过程，因此特别适用于手机端和快节奏的购物环境，帮助其在电子商务市场建立了独特的竞争优势。

随着数字互联网变革了我们沟通和提供信息的方式，包括班旺·蒙特尔（2011）在内的许多研究人员开始致力于研究"实物互联网"的实施，即颠覆传统物流和运输模式低效的解决方案。它提倡了一个开放的、全球性的、超链接的和可持续的物流系统愿景，基于模块化、智能化和标准化的集装箱系统，这些集装箱可以在包括卡车、飞机、无人机和私家车的整个运输网络中轻松移动和搬运（Montreuil, Meller & Ballot, 2013）。在这样一个快速变化的场景中，设计新的电子商务系统需要能够管理复杂性和设计多利益相关者系统的设计师，在这些系统中，不同的利益相关方能够在全球和地方层面进行互动。实物互联网这一概念本身就引入了电商可持续发展的需求，它考虑到并尽量减少对我们所处城市及领土的环境和社会影响。因此，系统设计需要通过设计新的服务系统来回应不断变化的场景需求，直面电商可持续创新提出的挑战。

产品视角（product perspective）：制造商和设计师将不断增长的在线购物体量和不断涌现的复杂数据挖掘技术视为设计新产品的杰出工具。首先，我们可以获取不断更新的关于用户购买选择的精准数据，使我们得以更精细地分析目标市场。此外，设计师能够通过社交网络和电商网站获得用户的直接反馈。和系统分析一样，数据可视化是阐述和管理所获得信息的基础，信息可视化能够让设计师成功地定义用户需求（Lau, Li & Liao, 2014）。尽管现有文献显示人们对数字互联网作为支持设计的工具表现出越来越大的兴趣，但就实物互联网的产品设计这个未充分发展的分支，还有很大的研究空间。如果我们的物流结构变得灵活、超链接（hyperconnected）和可持续，产品也必须改变并适应新的消费和货物管理场景。第一个经历这种转变的产品是包装，随着电子商务的出现，包装成为物流和沟通的主角。将产品和包装设计成一个连贯的、可持续的单元是至关重要的，虽然从设计的角度来看任重道远，但电商产品的物理革命将是不可避免的。电商给产品设计施加的挑战主要有两点。

一是面向新的数字化消费场景设计产品。电子商务正在显著地改变我们选择和购买产品的方式。这种转变不仅影响了个人在线购买决策，也影响了围绕购买行为的社会现象。人们在网上选择产品〔有时是在网络平台的间接推送下，或"推送系统代理"（Dixi & Gupta, 2020）〕，购买产品并在网上分享评价。当然，反馈既不统一也不明确可靠，因此，数据分析的挑战是将大量的定性数据提炼成对产品特征的定量洞察（Ireland & Liu, 2018）。在保持产品设计惯用的定性和定量工具的同时，设计师面临的新挑战与用户作为电商系统中活跃且理性的利益相关者的新角色有关。这种新角色也反映在电商的物理领域，用户被包含在物流过程中，并与其他的系统利益相关者实际接触。管理在线购买的产品不仅是派送员的任务，也是用户面临的问题，因为用户是接收、处理、签收或退货的主体。当我们设想一个模块化和超链接的未来物流系统时，产品必须根本性地改变，以回应用户需求以及围绕他们的物理系统的新要求。

二是面向实物互联网设计包装。包装是伴随着电子商务的兴起而最先进化的产品之一。今天，我们不能忽视包装在技术、功能和交流方面的复杂性，这使得它成为一种需要被精心设计的产品，而不仅是对所购产品的简单包装。另外，人们越来越关注环境的可持续发展，越来越多的人诟病方便货物搬运的一次性包装对环境的负面影响。除了功能和环境要求，在竞争日益激烈的市场中，包装成本也是公司以及今天的电商平台必须考虑的一个因素。在电商中，无论从物流还是从沟通的角度来看，包装都起着基本的作用。一方面，它应该为我们所购产品提供保护，这些产品在类型和数量上可能具有很大差异；另一方面，它应该向用户传达与数字平台一致的信息和价值。这种双重作用一直在演变：首先，在仓储和原材料处理方面，信息技术和自动化技术的广泛使用给包装的功能和技术要求提出更高标准（Regattieri, Santarelli, Gamberi & Mora, 2014）。其次，电子商务的全渠道趋势要求包装能够与用户有效沟通，因为这可能减少或增加顾客亲密度。在实现实物互联网的道路上，包装是第一个经历颠覆性改变的产品，未来物流系统的模块化及数字化向包装的灵活性提出了高要求，使其能满足新的物流管理标准。系统的可持续性也将取决于包装，不仅是通过使用更多的可持续材料，最重要的是，通过在系统内构思包装，能够预设包装在多次交付和逆向物流中重复使用的新场景。

1.4 可持续电子商务：包装作为系统的协调者

电商产品和系统的设计必须回应紧迫的挑战。设计师需要处理电商领域的不同方面，从包装材料和技术，到存储和交付的新框架，再到数据管理和可视化。与此同时，对可持续发展的广泛关注给那些可能引发人们对未来消费模式可持续性担忧的行业带来了新的环境要求。

电商对环境的广泛影响是由几个因素造成的，从信息技术的使用到交付过程中的能源和材料消耗（Mangiaracina, Marchet, Perotti & Tumino, 2015）。然而，物流被认为是电商中影响最大的领域，尤其是运输排放和包装废弃物正得到越来越多的关注，因为它们深刻地影响着整个供应链的环境负担。

图 1 总结了电商背后的物流复杂性，涉及一系列连续或替代的活动，这些活动需要使用不同类型的包装来满足运输和处理产品的需要，直到交付给终端用户。

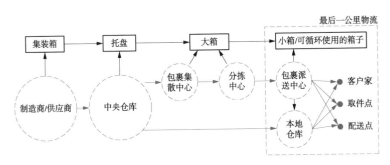

图 1　电商物流活动与包装

显然，这种技术和地理上的复杂性导致了重大的环境影响。首先，网上购物对交通网络的影响是巨大的。虽然电子商务可能会减少个人驾车出行，但快递卡车将显著增加细颗粒物质从而影响健康和环境。研究也证实了电商快递加剧了交通拥堵和与运输相关的碳排放（Jamshid, Ardeshir & Mingxin, 2016）。其次，快递行业的不断发展导致了更多的包装材料消耗，这也暗含巨大的环境问题（Fan, Xu, Dong & Wei, 2017）。目前，电商中使用的大部分包装是单程箱（one-way boxes）①，只有少数案例开始采用更可持续的包装解决方案。最后，配送政策影响"最后一公里"的环境影响，例如，"快速"配送使快递员无法优化运输，相反，"懒惰"配送可以帮助限制影响（Minerba, Mansini & Zanotti, 2018）。另外，选择送货上门而不是快递点，可能会增加运输车辆以及运输规模（Visser, Nemoto & Browne, 2014）。

电商市场需要应对配送过程的影响，通过减少包装废弃物、改进配送方式、改善现有物流网络，并与制造商合作促进整个供应链产品的可持续性（Long, 2019）。毫无疑问，网络零售商和快递商是向更可持续电商系统过渡的主导者，但作为系统的活跃代理人，用户也应采取新的购买模式。事实上，研究表明用户对电商带来的影响越来越感兴趣，特别是快递系统带来的环境负担，这对收包裹的用户来说是显而易见的。根据 2019 年国际邮政公司（International Post Corporation）② 进行的调查，60％的线上购物者希望他们的电商包装是可持续的，50％的人愿意为可持续的电商包装付费。在运输方面，48％的线上购物者要求碳中和运输，44％的人愿意为更可持续的运输付费。

虽然电子商务的可持续性受到越来越多的关注，但这一可持续转变所涉及的利益相关者及系统的复杂性使其变得困难。

---

① 即一次性箱，空箱不必运回。
② 国际邮政公司是一家全球性的邮政服务网络，成立于 1989 年，总部位于比利时布鲁塞尔，旨在通过提供技术支持、数据分析、培训和合作平台，帮助全球邮政运营商提升服务质量和运营效率。

第二章
电子商务的可持续包装设计

第一章着重于包装设计需要应对的电子商务的新兴趋势，通过考虑包装的环境、经济和社会影响探索应对电商行业的创新方法。本章探讨了新兴场景下包装设计的六个主要趋势，并通过实际案例研究将概念转化为现实。

（1）灵活性：大型电商平台提供数量不一、种类不同的产品，因此，需要灵活的包装解决方案以确保在适当保护货物的同时尽量减少体积和材料。

（2）生命周期和重复利用：当下电子商务中，货物一旦交付，包装的寿命就结束了。新的物流战略应鼓励采用可重复使用的包装，同时，用户可以在单次使用包装中扮演积极角色，赋予其第二次生命。

（3）管理和回收：用户可能不得不在家处理大量的包装废弃物（主要是纸和纸板箱）或大型包装，在全渠道物流系统中，设计师必须创新策略以促进终端用户对包装的回收。

（4）个性化：包装作为网络零售商与用户的沟通媒介，它不仅应该帮助用户识别电商平台，也应当找到一种定制化方式与用户进行对话，以增强用户在电商系统中的作用。

（5）沟通：包装的美学与广告作用需要跟其功能性相结合，设计师需要设计出能够提升开箱体验的新的包装形式和技术。

（6）意识：包装不仅承载广告功能（提升预测性销售），也传达设计师的个人价值观以提高可持续行为、鼓励用户做出明智的购买决策。

2.1 为可持续的电子商务设计创新性包装

无论是作为一个产生吸引力的要素、一个技术挑战，还是一个环境问题：虽然现代包装因为其表现力和功能性潜力而备受关注，但它也引发了人们对其环境影响的担忧。在一本关于为电子商务而设计的书中，包装是起点，因为它是连接产品和系统、虚拟和现实世界的纽带。即使包装在电商领域仍需履行其保护、运输和沟通商品等传统功能，但这一角色因其与系统的新关系而得到增强或改变。技术需求达到了其复杂性极限，而沟通需求面临着一个新的语境，且这个语境不再是我们所熟知的传统实体店模式。包装始终是产品和用户之间的媒介，但它也成为其背后虚拟-现实系统的表现物，快递员等新的电商参与者在这一虚拟-现实系统中涌现。

谈到包装设计，我们必须兼顾两个宏观需求，即功能需求和沟通需求，然而在电子商务中，主要问题不是响应当前的需求，而在于预判该行业的发展演变。电子商务是一个新兴的、动态的、快速发展的行业领域，设计包装、产品或系统需要具备以一种完全不同的方式思考未来的能力。虽然功能和沟通仍将是未来包装的基本要求，但很难预测它将如何发展及演变。

2.1.1　当下及未来的功能需求

包装，就其本质而言，是为了保护产品免受外部因素的影响，必要时也保护产品不受内部因素的影响，以确保运输过程中产品得到妥善保存。在传统贸易中，与产品本身直接接触的初级包装被包裹在其特定的二级包装中，以便进一步运输。但在电子商务中，包装可以是初级的或二级的，这取决于其内容物。如今，在线销售的产品往往保留其初级包装，但这并不意味着电商包装的保护任务变容易了，因为每张订单中商品的种类和布局都在不断变化。包装设计面临的最大挑战是如何保证对不同产品的最佳保护，这些产品在数量、类型和布局上都可能有所不同。传统上，除了保护性功能外，包装还必须具有操作性功能，包括在整个供应链中与不同的利益相关者交互，以便于封装、搬运和开封操作。然而，在电子商务中，与包装交互的利益相关者的数量和类型都在增加，例如有准备订单并快速封装包装的员工、常规快递员，最后一公里派送员，以及最后在家里签收包裹、打开及处理包装的终端消费者。这是当下的情况，包装的功能要求在未来必将进一步发展。

今天，包装是预包装产品的容器，但得益于更有效的自动化系统的发展，在将来它可能成为在线销售产品的唯一包装。此外，在实物互联网等超链接环境中，设计师应该考虑智能化和模块化包装，以优化产品的运输和保护（Montreuil，2011）。总体来说，我们不能只考虑包装当前的功能需求，还需要从更广泛的系统角度来构思它。

2.1.2　当下及未来的沟通需求

在现代社会，包装的沟通性功能与它的保护性功能同等重要。包装在商店里能吸引用户注意力，讲述产品和品牌故事，刺激用户购买，并为用户提供购买、使用和处置期间所需的所有信息。尽管在很长一段时间里，电子商务的包装只是一个用来容纳和运送所购产品的无名盒子，但现在很明显，包装的沟通性功能也是至关重要的。与传统的销售方式相比，电子商务中的沟通方式发生了根本性的变化，因为用户在已经购买产品的情况下才会接触到包装。因此，沟通不应该是激励购买，而应该通过将虚拟体验转化为现实来强化后续购买。在未来，我们将在一个全渠道的背景下购物，在线上选择产品并在商店购买，或者反过来（即在商店选择产品并在线上购买），在电脑、手机和商店的货架之间转换。包装的沟通需求涉及产品及品牌的数字和物理层面，所有沟通策略的关键将是实现产品在不同但互补的媒介之间的一致性。

2.1.3　设计包装——产品系统

在过去的 20 年里，公众日益关注包装的环境影响。2016 年，欧盟平均每个居民产生约 170 千克包装废弃物（Eurostat, 2016）。这些数字令人咋舌，适当的回收举措以及减少包装的宣传试图缓解这个问题。近年来，由于快递量的不断增加，电商无疑是造成了包装废弃物，尤其是塑料和纸质包装的始作俑者。

本书旨在通过可持续发展的视角提出电商及其包装愿景。我们有意不将环境要求作为一个单独类别提出来，因为包装的可持续性是综合考量其功能需求和沟通需求以改善包装整体设计的结果。材料及体积优化不仅增强了运输和保护，还提高了包装的可持续性。包装再利用的创新解决方案不仅将促进智能技术的使用、优化物流，而且将减少废物的产生和排放。与此同时，沟通功能不仅提供关于品牌和产品的必要信息，也提供关于报废及处置的相关信息，从而帮助用户管理包装、鼓励回收或再利用。

同样，我们认为将包装与产品分开考虑是不合适的。使用标准包装（未针对内容物设计的统一包装）会导致尺寸过大、废弃物增加，还会降低功能性和沟通性，因为它们实际上不是为所包装的产品而设计的。与产品一起设计包装是设计师应该遵循的第一准则（Barbero & Tamborrini, 2012），但在电子商务中，因包装所包含的商品在数量和类型上可能不断变化，因此这是一个棘手（但并非不可能解决）的挑战。一个好的考虑包装的产品设计可以提高可持续性，提供创新和有竞争力的解决方案。Campaign Living（2015）的案例正是如此，它是一家来自美国的在线家具初创企业，创造了高质量的且可以快速组装和拆卸的模块化沙发及扶手椅，最重要的是，它通过传统的配送渠道以小包装运输。它的包装是一套纸板箱，被设计用来容纳不同型号的沙发部件，并满足用户的未来（搬家）需求。据估计，美国人一生中会搬家 11.7 次（Census Bureau, 2007），因此，Campaign Living 从用户的需求出发，设计了一个集成式的包装——产品系统，在满足用户需求的同时优化材料、运输，从而更具市场竞争力。

因此，为网络零售商设计特定的包装解决方案是实现电商包装可持续创新的基本出发点。基于这一假设，我们与意大利国家纸质包装回收与再循环联合会（Italian National Consortium for the

Recovery and Recycling of Cellulose-based Packaging, COMIECO）
合作开展了一个为期 12 个月的研究项目，以确定电子商务包装领域的主要趋势，以及该领域的主要挑战和未来可能的演变。该研究对现有案例、市场上的创新解决方案和新出现的利益相关者进行了研究分析，以便从包装和系统的角度了解该行业。

根据研究过程中获得的知识，我们确定并阐述了包装设计应该关注的六个主要趋势，以期推动电子商务领域的可持续创新：①灵活性（形状、体积、材料）；②生命周期和重复利用（包装再利用、可重复使用的包装）；③管理和回收（包装优化、可回收的包装）；④个性化（视觉定制、功能定制）；⑤沟通（开箱体验、可持续议题的传播）；⑥意识（透明沟通、价值驱动的电子商务）。

我们对每种趋势都进行了深入分析，概述了可能影响该行业未来的现有解决方案和创新。每一节将用一个案例详细介绍该趋势下具体的设计实践。

2.2　灵活性：设计多功能包装以优化材料和体积

当用户完成虚拟购物车中的物品购买后，订单处理过程就从虚拟世界转移到了现实世界。点击购买后会触发一系列必要的物流活动，以确保订购的产品到达用户手中。在这些物流活动中，包裹的准备无疑是一个结合了人工操作和自动化控制系统的复杂过程。订单的高度可变性是一个棘手问题，每个订单的产品数量和类型各不相同，因此每个包裹对尺寸和保护的要求可能有很大差异。这在大型水平型电商市场中，即提供广泛产品类型的网络平台尤其如此。在大型水平型电商市场中，网络用户可以找到他们想要的任何东西，从电子设备到家用产品、玩具和耐贮存食品。因此，一个大型水平型电商市场的物流平台可能会面临将平板电脑、洗衣粉和早餐饼干一起打包的情形。在这种情况下，包裹会包括大小各异、重量不同的产品（这可能会使包裹失衡），以及面临不同程度的保护需求（如易碎物品或液体）。在较小尺度的垂直型市场（垂直型市场销售来自同一类别的产品）上也可能出现这个问题，将衬衫、鞋子和包放在同一个包裹中也不是一件容易的事，虽然对物品保护的要求更加标准化，但即便如此，重量和尺寸仍然可能有很大差异。即使是小型零售商也不得不应对不规则尺寸的问题，如果包裹未被充分包装，可能会影响运输。

一方面，订单准备提出了功能性设计的挑战，包装必须保证物品安全，因此要适应不同的尺寸，平衡内部重量并提供产品的内部稳定性。此外，快速的装运准备是电商重要的竞争要素，所以包装必须兼具保护性和易于装配性。另一方面，从环境的角度来看，包裹产品内容的多样性是另一挑战。维瑟（Visser）、奈本（Nemoto）和布朗（Browne）（2014）的研究中将派送规模确定为影响送货上门可持续性的因素之一。影响运输的首要要素是更多的包裹需求，而不是体积和容量更大的包装，这使得优化物流"最后一公里"更具挑战性。

为了帮助解决这种双重困境，电商包装应该朝着形状、体积和材料优化的方向发展。目前所用的包装解决方案是专注于B2B（企业对企业，Business To Business）运输系统的遗留，B2B业务中需要运输的订单在尺寸和类型上更加统一，因此在许多情况下，B2B使用标准箱子而不是不同尺寸的盒子，而前者是不适合电商行业的。技术和设计应该携手实现新的优化目标，即包装应该是灵活的、多功能的容器，以便优化运输。

2.2.1　形状

设计师在设计灵活包装时要考虑的第一个要点是形状。如今，主要有两种电商包装：一是适合多种产品类型的不同尺寸的纸板箱；二是用于不太可能因碰撞而破损的产品（主要是服装和纺织品）的塑料袋，然后在内部添加填充物或保护材料。目前，这套包装元素被组合起来以保护不同尺寸的易碎品，在保护方面效果尚可，但在环境可持续性方面往往不尽如人意。未来的包装需要创新设计解决方案，以最佳方式满足电商需求。包装技术在采用自动化包装解决方案上发挥着举足轻重的作用：目前市场上的智能打包机器能够扫描包裹，选择适应内容物尺寸的包装盒[①]，并为包装贴上运输标签。这无疑是未来包装领域发展的可能方向之一，即实现每一件包装的按需自动化。这些流程允许在减少材料使用和降低运输量的同时优化包装形状。然而，目前仍然存在一些制约因素，涉及包装种类（纸板箱）、有可能妨碍开箱和包装回收的材料使用（胶带）以及难以识别不同产品的保护要求和标准。在技术灵活性的背景下，设计师通过确保包装生命周期的各个阶段和所有相关用户的易用性（usability），在人与包装交互中发挥关键角色。在可持续性

---

① 即自适应包装（fit-to-size box），是自动包装技术的一环，能够自动选取与商品规格相匹配的包装，在一定范围内可按照商品的规格尺寸"量体裁衣"。

方面，新技术虽然可以从定量上优化包装的形状和材料，但设计师要考虑到可以改善或影响包装可持续性的定性方面，比如功能和质量要求。

2.2.2 体积

考虑到提高包装的灵活性，另一个重要的未来趋势是体积的模块化。模块化原则是实物互联网的基础，这是当今物流系统的一种演变模式，目前已被全球范围内的学术团体和工业利益相关者所认同。新的物流系统通过采用创新的模块化集装箱，能在不同规模上相连和兼容，以追求物流的经济、社会和环境可持续性。根据实物互联网主要支持者蒙特尔、梅勒（Bellot）和特伦布莱（Tremblay）（2015）的研究，"集装箱的基本能力是保护其封装的物体，因此它们必须坚固和可靠；且必须易于连接到设备和结构上，并使用标准化的接口装置相互联锁；且它们也应该易于根据需要快速有效地装卸"。集装箱有不同的尺寸，而包装是符合货物封装系统要求的模块化元素。产品应该有越来越好的封装设计，即产品和初级包装不能仅仅是为了容纳和运输，设计应该不断发展，以适应新的物流系统、优化空间和运输。

2.2.3 材料

以灵活性为目标的设计方法还可以减少材料使用，从而实现功能、经济和环境效益。如今，为了填补过大包装或应对包装内容物的不均匀性，使用了不同的填充材料（如气泡袋和密封气囊、聚苯乙烯碎片、填充垫、纸草），伴随其他保护性元素（如抗静电包装、边缘保护器、管状网和套筒）。虽然使用自动化包装设备（帮助选择适合尺寸盒子并打包）可以帮助减少材料使用，但就目前的技术水平而言，对于中小型销售体量的零售商来说，自动化包装设备所需的技术和基础设施投资是巨大的。因此在短期内，设计师更要致力于设计能够保证产品稳定性的包装解决方案，优化材料的使用，并在体积和重量上减少整体尺寸。

案例研究：Nakpack

名称：Nakpack®

设计师：Angelo Bandinu

所属公司：Nakuru Srl

年份：2016

国家：意大利

材料：瓦楞纸板

葡萄酒在线销售的增长速度与整个电商行业的增长速度相当，远超葡萄酒线下销售的增速。如今，葡萄酒的电商销售额超过 100 亿美元，占全球葡萄酒销售的 5％。以中国和巴西为代表的新兴葡萄酒消费国正在推动电子商务和葡萄酒消费的增长（Higgins 等，2015）。在这一增长趋势下有几个因素制约该行业扩张，其中许多是技术性的。首先是用户对配送过程可能出现的产品损坏（如破瓶或温度波动）的担忧。快速且完好地运送葡萄酒需要高效的物流流程，特别是在大国，而这对于小型电商零售商来说难以承担。其次，由于葡萄酒运输的高保护性需求，运输成本可能很高，因此用户不得不扩大葡萄酒采购量以覆盖这笔额外费用。最后，在线平台通常设定最低购买量（通常是六瓶相同的葡萄酒），且很少有商家允许用户在最低购买量中混合不同瓶装，因为这需要更好的物流（Medium，2018）。

Nakpack 系统是设计师为回应这类易碎品运输困境而特别设计的，尤其是葡萄酒运输。该系统采用了一个通用的包装模型，能适用于从香槟瓶（Champagne）① 和波尔多瓶（Bordeaux）②，到勃艮第瓶（Borgognotta）③ 和莱茵瓶（Renana）④，再到马拉斯加利口酒瓶（Marasca）⑤ 和双耳瓶（Amphora）⑥ 等不同类型和尺寸的瓶子。Nakpack 系统几乎可以容纳高度在 330 毫米以下、直径在 102 毫米以内的各种类型的瓶子。Nakpack 通过一个具有交错切口的双连续环绕系统来支撑每个瓶子。底部和顶部的垫片比市场上传

---

① 典型的香槟瓶通常是圆柱形的，从底部一直到中间，由相对较长的颈部连接，呈漂亮的长笛型。其瓶身是依据香槟的特性和风格专门设计的，瓶壁厚实、斜肩、瓶底凹陷，可承受 80—90 帕的高气压。此外，其瓶塞是一个七层闭合式设计，一旦塞入瓶颈中便可将酒瓶严密封实，起泡酒大都采用这种酒瓶来盛装。
② 波尔多瓶通常是窄颈、直身、高肩，不同颜色的酒瓶盛装不同类型的葡萄酒：干红盛装在墨绿色酒瓶中，干白盛装在淡绿色酒瓶中，而甜白则盛装在白色酒瓶中。这种酒瓶也常被用来盛装波尔多混酿风格的葡萄酒。
③ 勃艮第瓶斜肩，瓶身较圆，瓶体厚重结实，瓶体较一般的酒瓶略大，通常用来盛装一些酒体醇厚、香味浓郁的葡萄酒。通常，霞多丽（Chardonnay）和黑皮诺（Pinot Noir）（勃艮第最具代表性的两种葡萄树）葡萄酒都采用勃艮第瓶来盛装。
④ 莱茵瓶是一种源于莱茵河的非常流行的白葡萄酒装瓶形式，它的形状更加细长。
⑤ 马拉斯加利口酒瓶，玛拉斯奇诺（Maraschino）是一种原产于达尔马提亚的利口酒，酒名源自它的原料欧洲酸樱桃。
⑥ 双耳瓶是一种具有尖底的陶瓷瓶，具有两只把手以及细长的颈部结构。双耳瓶首先在前 15 世纪出现于今叙利亚地区，然后传播到世界各地，被古希腊人、古罗马人用于运送与存储葡萄、酒、橄榄油、食用油、谷物、橄榄、鱼类等。

统包装大，其可变尺寸的设计是为了缓冲在瓶身最脆弱地方所产生的碰撞。底部和侧面有一个由三层纸板制成的双重环绕，形成双层墙，能够防止任何水的渗入。

总体来说，这种包装满足了安全包裹玻璃瓶等易碎品的需求，而无须使用体积更大且更难回收的聚苯乙烯。2018 年 Nakpack 系统每天处理意大利超过 60% 以上的在线葡萄酒运输，全年总计交付了 475.2 万瓶葡萄酒。

从经济角度来看，Nakpack 系统与目前市场上的其他包装系统相比具有较强价格优势，因为它完全由瓦楞纸板制成。在不使用时，它几乎不占任何空间，可以优化存储（两个托盘可以包含 900 个内部保护层，这将使 2 700 个瓶子的运输成为可能）。至于它对环境的影响，该包装是由可完全回收的纸板制成的。此外，与普通的解决方案相比，它的设计可以最大限度地减少材料的使用，在相同的空间内，使用聚苯乙烯的传统包装可以运输 500 瓶葡萄酒，而这个包装系统可以运输 2 000 多瓶。

Nakpack 是一个有趣的灵活性案例，因为它能够包装不同数量和类型的瓶子，同时确保适当的保护和体积优化。该设计方案有效地满足了在线葡萄酒领域的功能要求，同时结合了对包装方案的环境和经济可持续性的关注。

2.3 生命周期和重复利用

2017 年，旧金山因在线订单所用的包装材料数量惊人（特别是来自亚马逊和餐包公司），迫不得已提高垃圾费（Swan，2017）。同年，仅亚马逊就在全球范围内运送了超过 50 亿件物品，这还只是考虑到它的 Prime 业务。目前，大多数货物使用一次性包装，一旦用户收到包裹，包装寿命就会结束。正如耶德利卡（Jedlicka）（2009）所准确观察到的："东西被制造出来，我们使用它们，然后把它们扔掉。但事实上，并不存在'扔掉'这一说法。产品和它们的包装在我们使用后还有一次生命，要么作为垃圾（填埋或焚烧），要么作为新物品的原料（回收再利用）。当物品重生（回收再利用）并再次投入系统时，就成为循环消费。"今天，每天有数千吨的包装被扔掉，其中一些成为垃圾，而在大多数情况下，纸板箱可以相对容易地被回收。然而，回收并不能有效减少废物管理对环境和经济的影响，以及材料浪费和处理大量包装废物所需的后续资源。一次性包装的环境影响将随着网上购物的日益增长而持续加深。

2.3.1 包装再利用

这一问题的解决方案是围绕"包装再利用"概念展开的：一方面，用户可以重新利用包装，赋予其第二次生命；另一方面，公司和零售商应该引入可以被退还和重复使用的包装，以便多次运输。第一种解决方案是可持续设计长期以来一直在尝试的路径，取得了或多或少令人满意的结果。2012 年，婴儿车生产商 Joolz 开始采用新的纸板包装，包装本身印有重复利用的说明。用户可以将笨重的盒子切割成适合儿童的物品或玩具，如小椅子、灯具和娃娃屋（Smith，2012）。这也是电商的一个可行途径，它可以促进包装的再利用，但最重要的是可以提高在线购物者对废弃包装环境影响的认知。然而，这种方法的局限性也是显而易见的：首先，它需要用户在生理和心理上的认同和投入，用户必须主动再利用包装；其次，它是一种复杂的解决方案，难以量化、评估和大规模应用。从更广泛层面来说，可重复使用的包装具有象征性和教育性价值，反而对电商领域更具重要意义。

2.3.2　可重复使用的包装

第二种解决方案对电商的可持续性来说特别有前景，因为它专注于使电商包装可退还和重复使用。第一个向可重复使用的包装做出尝试的是 eBay，它在 2010 年推出了 eBay 绿箱子，并测试了十万个可重复使用和可追踪的纸板箱的试点运行。收件人可以登录一个专门的网站，报告绿箱子的状态，这允许电商追踪绿箱子的被使用情况，评估其环境及经济效益（Schwarz，2010）。不幸的是，绿箱子最终只停留在试点阶段，并未大规模实施。尽管 eBay 未透露导致停止该项目的原因，但在过去的十年中人们日益关注电商的环境影响，以及新的物流技术的发展，使得一语境发生了变化。今天，虽然很少有公司采用可重复使用的包装运输货物，但人们对这类解决方案的兴趣与日俱增，新的初创公司也在尝试解决包装市场的这一空白。

在美国，Returnity Innovations[①]公司是可重复使用运输箱的市场领导者，它分析客户的包装要求，设计定制的可重复使用的包装，这也间接反映了每个品牌的沟通需求。Limeloop[②]公司提供经久耐用的运输袋，该运输袋是由升级改造的乙烯广告牌和回收的棉花制成。该包装是标准化的，因此也适合那些负担不起定制生产的小型零售商。此外，Limeloop公司的运输袋还连接传感器以监测出货量，并向用户的移动应用端更新其环境影响。在欧洲，RePack[③]公司生产可重复使用的、灵活的柔性袋，特别适合服装和纺织品等垂直型电商，不过水平型电商平台也采用了它，其设置的奖励模式能够激励用户退回包袋，以便重复使用。

尽管所介绍的包装解决方案各不相同，但它们都显著延长了包装的生命周期，将其重复用于不同或相同的功能。与其他可持续的解决方案不同（如可生物降解包装），使用可重复使用的包装让选择这种解决方案的平台具有重要的经济优势。相较于重新购买包装和重设物流的投资，可重复使用的包装使成本大大降低。毫无疑问，每一包装的初始成本是重要因素，因此设计师在根据零售商的具体需求确定最合适的解决方案方面发挥着重要作用。如果小型零

① Returnity Innovations 是一家总部位于美国科罗拉多州的公司，成立于 2014 年，专注于设计和制造可重复使用的运输和包装解决方案来减少一次性包装的浪费，从而推动环保和可持续发展。
② Limeloop 是一家总部位于美国加利福尼亚州的创新物流科技公司，成立于 2017 年，专注于提供可持续和高效的物流解决方案。公司的使命是利用先进技术来改变传统物流行业，以减少环境影响并提高效率。
③ RePack 是一家总部位于芬兰赫尔辛基的公司，成立于 2011 年，专注于提供可持续的包装解决方案。公司使命是通过创新的可重复使用包装解决方案、智能包装技术、逆向物流解决方案，减少单次使用包装的使用，从而降低碳足迹，推动循环经济的发展。

售商经常需要定制包装，那么可重复使用的包装则很难为低销售量的商品提供完全定制化的解决方案。可重复使用的包装的未来挑战在很大程度上与交互有关，需要将环境的可持续性与有效的沟通及惊艳的开箱体验相结合。第二个值得关注的设计焦点是采用技术复杂型包装的机会，技术复杂型包装允许用户及零售商追踪物品并产生数据。这些数据不仅在定义新的货物运输策略方面有物流价值，也有助于对用户行为的深入理解，并有可能催生新的交互渠道。在未来，可重复使用包装的个性化可能依赖于对能够向每个用户直接传递信息的硬件的使用。因此，耐久性包装方案所提供的设计场景不仅具有物流和环保属性，而且提出了关于认知、交互和信息等重要设计挑战。从可持续性角度来看，重要的是不要忽视重复使用行为所带来的环保意识上的价值。

　　最后，要实现可重复使用包装，当前的物流系统需要做出改变。如果这种包装变得普遍，尤其是被最大的电商交易平台采用，那么每个包装在其生命周期内所能运送的货物数量将翻倍，进而减少运输的环境影响。此外，目前的流程往往阻碍包裹退回，因为用户必须安排取件并确保有人将包装交付给快递员。当前 Limeloop 公司生产的可重复使用的袋子可以折叠并放入邮箱中，以返还给网络零售商。然而，当使用盒子或硬度更高的包装时，这种方案不可实现。因此，为了使可重复使用的包装更可行、更可持续，物流利益相关者应该寻找创新性且可持续的方式来回收包装，例如在整个地区布局取件点。

案例研究：The Box

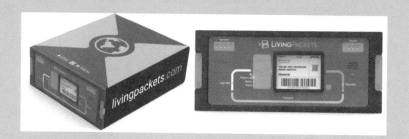

名称：The Box

所属公司：LivingPackets

年份：2018

国家：法国

材料：膨胀聚丙烯（主箱）

包装不仅对与包装制造相关的直接环境影响负责，而且对其在电商系统中产生的间接影响负责（Papelsson, 2018）。重量和体积效率，以及包装的可堆叠性，都会影响可运输以及存储在仓库中的产品数量。包装还可以通过提高成本效益和减少废物来影响产品退货的效率。

使用可循环利用材料并对其进行适当的回收可以减少包装解决方案对环境的影响。然而，这些策略并不能独立地为包装废弃物问题提供明确的答案。货运包装的再利用是电商领域的一个关键驱动力，但它需要重新思考整个系统并引入突破性的解决方案。

LivingPackets是一家致力于包装解决方案的初创公司，于2018年推出了"The Box"，这是一种可持续的、安全的和智能的包装，可以重复使用多达 1 000 次，然后可以再翻新并重复使用 1 000 次。盒子是由回收的膨胀聚丙烯制成，比纸板更硬、更耐用、减震效果更好。每个包裹可容纳重达 5 千克的物品，可在两种配置下使用，运送的物品小到一张 SIM 卡或一本书（此配置下存储空间最大为 1 升），大到两个鞋盒（此配置下体积容量最大为 25 升）。① 这种自动保持系统免去了泡沫和其他填充材料，同时在运输过程中安全地固定产品。集成锁避免了传统密封系统，并允许记录和跟踪每一次未经授权的开箱尝试。

The Box 的核心优势是具有实时环境监测功能的集成传感器：温度、湿度、冲击、位置，以及一个用于远程查看货物的集成摄像头。所有数据都可以在任何时候通过内置的互联网连接进行访问，从而实现对货物地理位置和产品状态的实时控制。The Box 集成了一个电子墨水地址显示屏，取代了印刷的地址标签，可以随时更新地址数据，从而简化了正向和逆向物流。

从环保的角度来看，这种包装解决方案通过再利用避免一次性标签或组件，实现了纸板、纸张和塑料废物的大量减少。与此同时，The Box 还可以让零售商和物流公司节省高昂的成本，据 LivingPackets 估计，与单向包装相比，它可以节省 90% 的成本。

包装技术不仅减少了浪费，优化了运输，而且提供了创造新服务的可能性。The Box 增强了在线购物体验，例如，用户只需按一下包装上的按钮就可付款或退货。用户以及包装回收点都被鼓励返还包装盒以使其不断循环使用。

――――――――――――――

① 根据 LivingPackets 公司官网提供的信息，目前在售的 The Box 容量是 2 升—32 升。

2.4 管理和回收

电商市场包含较为多样化的产品类别，电子产品和服装是最受欢迎的，食品、家具领域的消费也在迅速增长。因此，网络零售商不仅销售和运输中小型产品，也销售和运输有特殊保护需求的大件产品。需要考虑的另外两个因素是：第一，据估计，电商的包装中平均约有40％的空隙，因此包装的体积一般较其内容物来说大得多；第二，电商是增长最快的行业之一，所以消费者在家门口收到的包装不仅在体积上增加，数量上也显著增加。其后果是双重的：一方面，由于是一次性包装，自然资源的消耗急剧增长；另一方面，用户必须处理越来越多的、侵占家庭居住空间的包装垃圾。

耐久性包装是最有前景的解决方案之一，因为它能实现包装的再利用，从而直接预防废物的产生。然而，这并不总是无往不利的，例如家具行业中，产品的形状和尺寸是普通标准包装远不能应付的，需要定制化的包装解决方案，这些解决方案很难在不同货物的运输中解决包装可重复使用。这种情况下，设计师被要求优化包装材料的使用，并使用户更容易将包装回收处理。

2.4.1 包装优化

如今，几乎一半的电商包装是空置浪费的，换句话说，快递公司运输的物品体积大约是用户实际购买商品体积的两倍。在城市穿梭的货运卡车中运送大量的空气和填充材料，这不仅意味着更多的二氧化碳排放，也增加了网络零售商的成本，但如果优化包装尺寸以更好地适应产品，这些填充材料和碳排放就可避免。环境影响是显而易见的，但这一问题也深深地影响人们对品牌的感知，大多数在线购物者期待更可持续的电子商务包装（International Post Corporation，2019），他们对收到超大包装感到失望。

除了可持续性之外，开箱以及管理充满填充材料的笨重包装会降低用户满意度、引起不满。这促使像亚马逊这样的全球巨头发起简约包装（Frustration-Free Packaging）①（2018）计划，该计划旨在避免"开箱怒"以及过度包装。亚马逊要求制造商将产品装在"由100％可回收材料制成、易于打开且设计为可以直接用于运输产品的原始包装中，从而避免了额外运输箱的需求"。这些行动敦促包装制造商为提高其包装的可用性和可持续性而持续努力。同时，这也突显了根据销售系统多样化包装的紧迫性。传统的零售物流系统产生了三级包装：初级包装、二级包装和三级包装。这三层包装伴随着产品和运输，从制造商到实体店，再到终端用户，满足特定的功能需求和沟通需求。这种包装层级区分在电商物流系统中还能成立吗？如果我们把问题扩大到全渠道系统和实物互联网的未来物流情境中呢？

表1总结了美国包装与环境研究所（American Institute for Packaging and the Environment，AMERIPEN）（2017）进行的一项

---

① 亚马逊 Frustration-Free Packaging 计划也叫 FFP 计划，一项旨在减少包装废物、优化包装设计、提高客户体验和支持环保的包装倡议，其目的是避免"过度包装"，减少碳足迹。此外，它提倡简化包装设计，使顾客可以轻松打开和取出产品，无须使用额外工具或剪刀，以提高客户满意度。

研究结果，该研究比较了不同类型的包装（初级包装、二级包装和三级包装等）在传统零售系统、当前电商系统以及未来全渠道系统中的角色。初级包装的目标在不同系统中差异较大，如果说迄今为止包装有助于促成销售，在电商中，它则是在销售之后发挥强化购买的作用。当然，在电商中，包装对产品的保护需求以及包装的操作需求也从根本上发生了变化。如今，这些功能需求和沟通需求都通过二级包装来解决。但亚马逊的简约包装表明，这可能会损害包装本身的可用性和有效性。

表 1　传统零售、电商和全渠道物流系统的比较
（资料来源：美国包装与环境研究所）

	传统零售物流系统	电商物流系统	全渠道物流系统
零售类型	实体店店面	零售商，是指任何可以在网上开设店面的人。可能是制造商、零售商或第三方服务方	同时拥有实体店和网店。实体店面也可作为配送中心
运输包装终点	二级包装和三级包装由零售商收集、处置或回收。消费者只触及初级包装	直面消费者，消费者必须负责所有初级包装、二级包装的处置	根据实体店的要求，负责处置二级和三级包装。如果运输直达消费者，额外的运输包装是必需的且由终端消费者负责处置
初级包装目标	包裹、保护、货架展示、传播媒介、促进销售	包裹、产品保护	可能两者兼而有之，取决于最终的配送渠道
消费者与包装的交互	交互发生在购买时，包装促进销售	交互发生在购买后，包装发挥了加强购买的作用	交互可能发生在不同的时间点

	传统零售物流系统	电商物流系统	全渠道物流系统
运输形式	主要是高密度的货轮、叉车和托盘	多种运输方式（货运、零工司机、无人机等）。更多的接触点、操作员以直接送达消费者	取决于最终的配送渠道，可能包括所有运输方式
退回率	9％	20％—30％。需要在复杂的逆向物流和可重复使用的包装上加大投资	未知

因此，设计师亟须为电商设计专门的包装——量身定制初级包装，使其能够满足零售商和用户不断变化的需求。这是优化包装的最佳方式之一，为在新的物流系统中运输产品提供尺寸匹配的解决方案。

2.4.2　可回收包装

要实现可持续性，选择可回收材料似乎是显而易见的，但使包装易于回收也同等重要。首先要考虑的无疑是材料：纸张、纸板、聚乙烯、聚丙烯等日用塑料制品都容易回收，是质量不错的二次原料。使用回收材料有助于减少包装对环境的影响，回收的纸板及各种回收的塑料，非常适合用于电商包装。

但光考虑材料是不够的，在设计包装的时候设计师还应该考虑所有影响回收流程的外部组件（胶带、紧固件、密封件）和内部组件（填充材料、保护元件）。在设计包装易用性时，我们还需要考虑废物处理（Wallmart，2016），除了选择可回收材料，更重要的是有效地向用户传达如何正确回收不同的包装材料。包装的不同成分必须容易分类，每一种材料都应该使用用户友好型回收标签来识别。例如，How2Recycle（2019）是一个标准化的标签系统，清晰地向公众传达回收材料的相关指引，确定包装的哪些部分需要回收，以及以何种具体方式回收。

在此要单独说明一下可生物降解的包装。使用生物基和可生物降解袋的包装袋正变得越来越普遍。与传统塑料包装相比，由于其原材料的天然来源和其使用寿命结束时的影响较小，这种类型的包装具有较高的环境潜力。然而，可生物降解的垃圾分类并未被明确定义，标准因城市而异，这给用户带来了困惑。我们呼唤允许电商包装进入回收系统的新标准（Gallacher，2019）。

另一个问题是在传统的石油基塑料中使用生物降解添加剂，其目的是加快材料的降解过程。2005年可持续包装联盟（Sustainable Packaging Coalition）正式声明，这些添加剂没有任何可持续性优势，因为它们不能实现堆肥，相反，会损害塑料的耐久性，不利于回收。此外，该材料经历广泛裂解，可能会产生微污染，向大气中释放化石碳，造成温室气体排放。所以，今天如果不能实现重复使用，那么选择生物可降解的包装可能是实现可持续性的一个解决方案。然而，可堆肥包装是首选，因为可堆肥材料有益于让营养物质返回到环境中，实际上减少了包装处理对环境的影响。

案例研究：Bloom & Wild

名称：Bloom & Wild

所属公司：Bloom & Wild

年份：2014

国家：英国

材料：纸板箱

　　除了服装和电子产品等核心电商领域，新的产品类别正在开放在线销售。便捷购买、快速交付和全天候服务等方面的优势使电商迎合许多产品类别。然而，呈指数级增长的快递上门对更好地管理物流提出了要求：一方面，需要有人随时可收取包裹，另一方面，需要用户在家处理庞杂包装的拆解和分类。鲜花配送是电商部门的新兴领域，由于产品的脆弱性和供应链的影响，这一领域的电商面临着相当大的挑战。与其他产品领域一样，电商业务的成功不在于用数字商店取代实体店，而在于提供创新服务以应对当前和未来的挑战。

Bloom & Wild 是一家成立于 2013 年的公司，旨在重新思考鲜花配送，其出发点是认为鲜花未必是昂贵的、寿命短的、不方便接收或携带的。基于此，包装创新始于对系统的新设想。我们从 Bloom & Wild 重新设计的物流系统开始了解包装和鲜花配送的创新成果。

第一步是要弄清楚为什么花是昂贵且寿命短的。事实上，这是因为它们从被剪下到进入消费者的房子之间要经手四个中间商（出口商、拍卖商、批发商和零售商）。每个中间商都采用先进先出①的存货管理系统，并添加一定的成本和利润，从而使最终产品变得昂贵。Bloom & Wild 开发了一种创新的物流方法，直接与花农合作，并只在批量处理客户订单时才指示花农剪花。因此，它绕过了中间商，从而减少了鲜花从花场到家中的成本和时间。此外，使用预测分析可让它只采购即将出售的鲜花数量，相比于街头花店可以减少高达 40% 的库存。

物流创新让该公司重新思考鲜花配送。Bloom & Wild 开发了一种包装解决方案，可以将整束花放在一个能塞入信箱的盒子里。这种新颖的包装意味着用户不必等在家里收花，也不用费力地把它

---

① 先进先出（first in, first out, FIFO）是一种存货管理方法，用于管理存货的采购、销售和库存流动。它假设首先进入库存的存货也首先被销售或使用，这样做可以确保存货的使用顺序符合时间顺序，尤其是在食品、生鲜、医药品以及季节性产品领域。换句话说，较早进入库存的存货先被处理，以保持存货的新鲜性和高效利用。

们带回家。此外，与普通在线花卉品牌相比，信箱包装使用的纸板减少了80％，由回收的并可完全再利用的纸板制成，并印有关于插花和包装升级回收的提示。

因此，这一电商包装创新可以被视为是包装、配送、鲜花采收和管理系统之间紧密联系的结果。整个过程不仅带来了显著的环境效益，也为电商企业带来了重要的经济和功能优势。

2.5　个性化

在功能和视觉方面，包装无疑对网购者具有重要价值。根据 NetComm 于 2018 年开展的一项调查，18.2％的受访公司已经为电商业务开发了包装解决方案和特定技术，13.6％的公司已经启动了这一领域的相关项目，30％的公司正在评估启动新项目的机会。另外，DS Smith[①] 在 2019 年进行的研究显示，超过三分之一的英国网购者收到过质量较差的包装，39％的网络购物者对过度包装表示担忧。

因此，包装的适当性是电商行业的基础，虽然只有少数企业真正开始这方面的相关工作。作为与用户接触的第一个物理媒介，包装与虚拟体验的一致性是至关重要的，交互的连贯性只能通过为网络零售商设计合适的包装来实现。与此同时，定制化服务能够优化性能、减少废物，因为个性化包装是根据所销售商品的具体要求以及订单类型和销量量身定制的。因此，个性化具有双重目标，要求包装在感官体验和形态功能上都能与内容物具有一致性。当设计师为某个电商开发特定的包装解决方案时，需要综合考虑这两个必要且互补的方面。

---

① DS Smith 是一家总部位于英国伦敦的全球领先的可持续包装解决方案、纸制品和回收服务提供商。它通过创新的设计、材料和工艺，为各种行业提供定制的包装解决方案。

2.5.1 视觉个性化：量身定制的包装体验

提供个性化体验是与用户建立持久联系的有效途径，因为包装是与用户沟通的完美媒介，能够讲述品牌故事并留下深刻的第一印象。现代技术允许包装在各个层面上实现个性化：从材料、图形到感官体验。包装的外部和内部都可以传达信息。然而，中小型零售商出于成本考虑，往往选择对标准包装进行简单的图形个性化处理，即在不同格式的纸板箱印上零售商的标志。这当然是与用户沟通的第一步，但往往成效甚微，且似乎与包装的功能特征脱节。包装的适当性（例如避免空间浪费）不仅是一个技术因素，也是一个感知因素，它传达了对产品及其环境影响的更多关注。因此，破损或质量低劣的包装不仅可能损坏产品，还可能向用户传递错误的信息。

对中小型零售商来说，包装个性化无法实现经济性。也许在未来，技术能进步到满足低投资零售商的需求。在第 2.2 节中，我们看到新兴技术可以根据每个零售商的特定需求来定制尺寸适合的包装（sized-to-fit packaging）。例如，使用能兼顾性能、物流和操作的虚拟包装选择器（virtual pack-selector）来提高包装性能。同时，印刷技术将使越来越多的图形个性化成为可能，并能降低经济成本和环境影响。今天，包装公司正在开发新的方法，在大型或小型的瓦楞纸板生产线上直接印刷，以便消除对标签的依赖，从而在这个过程中节省成本和时间。在纸盒上直接印刷是完全可回收的，并且可以非常迅速地改变图形（Drupa，2015）。许多公司提供线上根据所需尺寸和图形定制包装的服务。

自制包装可以加快时间并降低成本，但它并不总能保证解决方案的有效性。因此，设计师的参与是必不可少的，以确保包装这一电商系统中唯一的物理交互工具能够有效地传达品牌。因此，如果包装类型和个性化过程可以根据不同的经济和技术需求而变化，那么一旦零售商想要达到有效的传播沟通效果，包装设计师仍然是一个重要的角色。

2.5.2　功能个性化：使包装与产品相适应

电商包装的首要目标是无损地交付产品。但用户也希望收到一个适用的、合适的、易于打开且适合退货的包装。换句话说，电商产品包装必须能提供良好的终端用户体验。此外，其他效率因素对零售商也至关重要，如轻量包装、轻质及柔性材料都有利于降低运载量，这对许多网络零售商来说也是一个显著节约成本的契机。在准备电商订单时，充填速度也会产生重要影响。

在所有这些情况下，定制化包装是满足功能需求的最常用策略。事实上，标准化包装并不是专门为零售商和用户的需求而设计的，这是标准化包装性能不佳的一大原因。随着时间的推移，标准包装系统的使用往往会产生物流和操作层面的问题（NINE，2015）。电商的首要任务应该是使包装适应产品：这意味着要思考如何尽可能以最佳方式向用户展示产品，以及如何提供最佳保护，同时使用最少的材料。因此，根据产品定制包装是电商可持续性的重要组成部分。这意味着不仅要减少过度包装产生的浪费，还要选择共享包装平台以实现定制的可追溯性以及集成转换系统以实现包装系统的灵活性。

连接性确实是电子商务中定制包装体验的关键趋势：结合移动

应用程序和智能包装（smart packaging），可为优化包装并提高其功能性提供必要的数据和信息。此外，连接性也可以增强沟通，通过提供关于产品及其零售商的定制化视频和信息，在用户和产品之间创造连接。

因此，包装个性化具有双重功能：交互个性化始终与功能个性化密切相关。自适应包装技术可以更好地保护产品，减少材料浪费，并传达更好的品牌形象。同时，交互式、智能化的沟通可以传达广告信息、跟踪包装位置，从而提高其功能性和物流效率。

案例研究：Girlfriend Collective

名称：Girlfriend Collective 电商包装

设计师：Natasha Mead, Steve Smith and Meredith Bruner

所属公司：Girlfriend Collective

年份：2017

国家：美国

材料：再生瓦楞、再生工艺纸板、再生染色聚酯基材、再生纸板、水性油墨

Girlfriend Collective 生产高质量的运动休闲服，从原材料的采购到选择供应商和工厂，它特别注重可持续性和透明性。供应链中涉及的所有流程都被监控，所有参与者都经过精心挑选，产品的所有生产步骤都向用户详细披露，以保证整个流程完全透明。

虽然市场上有很多可持续的包装，但没有一个标准的解决方案可以完全满足该公司要求，特别是在沟通传达方面。设计师面临的挑战不仅仅是设计一个符合伦理规范且生态友好的包装解决方案，更要在包装解决方案中反映该公司的行为选择，让用户参与一种不同的时尚方式中来。

因此，公司委托设计一个符合高标准的全面的包装计划。该包装计划的成果是一套不同的包装项目，从吊牌到运输材料本身全部由100％可回收材料组成。包装的生产在符合国际标准化组织（ISO）环保认证要求的工厂进行，使用经过负责任采伐的森林管理委员会（FSC）认证纸张。所有包装项目的设计都是为了优化所包裹的产品的运输，提供灵活的解决方案以确保对产品的适当保护。

商品运输盒有一个基础件，翻折后可在四周形成约1英寸（约2.54厘米）厚的"墙"，用于运输过程中对物品的保护，而套筒则紧紧贴合物品以提供更好的保护。纸质运输盒的侧面有夹层，可以扩大包装盒体积，这样同一尺寸的运输盒就可以容纳不同的物品；此外，封口处的剥离条有很强的黏性，可以永久密封，防止破坏。最后，可重复使用的荷包是由100％可回收的耐久性布料制成的，甚至包括用于缝合的线，它被设计成可容纳1至3件物品，而拉链的选择在激励用户重复使用它的同时带来了开合的便利。对回收材料的选择不限于纸张，还有诸如用回收的衣服制作的荷包等创新、高度定制化的解决方案。

所有的包装都是根据该公司服装系列的视觉识别和配色方案特别设计的。此外，在包装不显眼的地方清楚地列明了包装回收利用的具体信息，这也是为了鼓励对包装的回收利用。双吊牌标签系统既允许保留一致的品牌设计元素，也允许印制专属每个物品的UPC条码和个性化护理说明，有助于进一步传达每个产品的详细信息。

2.6 沟通

尽管包装最初是一种功能性要素，但它现在已经演变为能够赋予产品意义的沟通媒介。沟通功能已经变得至关重要，甚至在某些情况下占据主导地位。事实上，包装的角色具有重大的社会意义，并在许多情况下会产生伦理及环境影响。虽然本书不深入探讨包装作为公司与用户之间媒介的社会学价值，但对于今天的包装，其沟通传播的重要性是不言而喻的。

电商包装并没有摆脱其作为传播媒介的功能，但它无疑改变了游戏规则。从包装的类型开始：在传统市场上，初级包装（即货架上的包装）承担着主要的传播任务，向直接与之互动的用户展示和解释产品；而在电商平台上，用户首先接触到的是次级包装，其内包含了产品及产品的初级包装。因此，沟通是次级包装的主要任务，它不展示产品，而是讲述品牌故事、塑造数字体验。包装的作用实际上发生了变化：从一个产品叙事工具变成了一个增强了用户品牌体验、提高了品牌价值的"惊喜包装"。正如包装设计工程师艾米·科曼（Emmy Corman）所说，"开箱是新的货架陈列。消费者打开盒子时产品的呈现至关重要，它需要看起来整洁，并传达出用心包装的感觉"（Packaging Digest，2019）。因此，为电商设计包装要尤其关注包装盒和用户之间的美学互动，重点关注其预告产品和数字交互的功能。

包装的另一个重要功能是信息功能。在过去，包装的信息让人联想到商家为了满足监管要求所提供有关产品成分、物理和技术属性等信息。过去几年，包装还在回收利用和处置管理方面增加了更多信息。由于对可持续发展的广泛且全方位的关注，电子商务包装的信息功能也正在发生变化。大约60％的网络购物者希望有更多可持续的电商包装（International Post Corporation, 2019），但这并不仅仅是材料和回收的问题。大众对网购的环境及社会影响的普遍认识正在提升，而且电商必须满足那些希望了解自己所购产品信息的关键用户的需求。因此，包装成为一种透明的交流手段，它以讲故事的叙述策略传达信息，使用户在了解产品的同时加强品牌体验。

2.6.1 开箱体验

在一般的包装用户体验中，无论是在传统线下市场还是电商线上市场，拆开包装的阶段对用户来说是一个情感强烈的时刻，这是由于打开产品所具有的仪式感（Dazarola et al.，2012），那一刻用户再次或首次感知产品的纹理、气味、形状和所有属于它的物理特征。根据罗素（Russell）（2015）的说法，"包装盒执行并回应来自其用户的欣赏和期待。作为一个行为体，包装盒可能会伪装其内的产品，使其看起来完全不像它所装的，……或者它可以通过提供独特的审美体验来预告包装盒内产品体验的各个方面"。在电商中更是如此，数字体验和开箱体验之间的一致性是保证有效沟通的基础。与传统零售业不同，在电商平台包装是在购买后才到达用户手中的，用户接触到的是尚未见过的包装和产品。因此，使用户失望的风险更高。

虽然电商正不遗余力地满足用户对高质量开箱体验的需求，然而许多零售商只是通过在包装上贴上商标或在包裹中放置一个标准的小册子来与用户沟通。相较之下，开箱体验是品牌与用户在其家庭环境中亲密互动的黄金时机，让用户在无外界媒体喧嚣的环境下全心体验产品的独特魅力（NINE，2015）。越来越多的用户在网上发布视频，尤其是网购者，记录从包装中取出产品的过程并对此次体验发表评论。目前尚不清楚为何这些开箱视频如此受欢迎，因为它们很少提供对产品的实用信息或评论，但不可否认的是，在电子商务时代，包装是零售商和用户之间最个性且最直接的交互工具。

虽然说我们已经清楚地认识到开箱阶段的重要性了，但创造一个绝佳的开箱体验却并非易事。总体来说，与品牌保持视觉一致性是很重要的，特别是通过使用适合产品类别及品牌叙事的符号学。案例不胜枚举，例如：服装公司 Need Supply Co.（2015）[①] 将 "Hello: I'm here"（你好：我在这里）口号打造为其所有包装的独特标志，此口号成功地成为社交分享的热门标签；前面提到的亚马逊的 "简约包装" 计划（Frustration-Free Packaging，2018）将 "用户友好" 转化为开箱体验的成功因素；Birchbox（2015）[②] 是首批为其每月的 "美妆订阅盒" 制作电商限量系列包装的公司之一，

---

① Need Supply Co. 是一家知名的美国时尚零售公司，成立于 1996 年，专注于提供时尚服装、鞋履、配饰和生活产品。它最初是一家独立的精品店，在 2008 年推出了在线零售业务，并逐渐成为知名的电子商务平台，其平台理念是通过提供世界各地设计师的独特和高质量的时尚产品，满足时尚爱好者和潮流追随者的需求。

② Birchbox 是一家总部位于纽约的知名美妆和个护产品订阅服务公司，成立于 2010 年，旨在通过订阅服务为消费者提供个性化的美妆和个护产品，帮助他们发现和购买适合自己的产品。Birchbox 推出的 "美妆订阅盒" 是每月向订阅者提供一个装有多种美妆和个护样品盒的服务功能，并通过社交媒体和用户互动，建立了一个活跃的社区，分享美妆技巧、产品评价和使用经验。

鼓励用户收集并在社交网络上分享体验。

虽然没有普遍适用的设计规则可循，但金（Kim）、塞尔夫（Self）和巴（Bae）于2018年的研究定义了在开箱阶段影响用户和包装之间美学互动的三个关键因素。这些因素并不是一成不变的指导方针，而是设计定制化开箱体验时可以根据需求进行平衡的核心要素：

（1）交互的自由度：用户可以自由且自发地与包装互动，遵循一系列未事先确定的动作和姿态。

（2）交互的模式：模式的设计是为了从动作和反应、时间和节奏方面驱动用户和包装之间的互动。

（3）运动动作的丰富性[①]：用户—包装的交互包括一系列连续的操作程序，这意味着所需运动技能的任务在数量和类型上是各不相同的。

其中一个要素的优势超过其他要素可能会影响用户的情绪反应和他们对包装产品的第一印象。因此，根据产品类型和品牌的不同，需要评估条件是否允许一种更为自发的互动，或者反之适合一种引导性的互动，以及最合适的互动的复杂性程度。

2.6.2　就可持续发展议题的沟通

在满足运输需求的同时，电商包装可以提供独特的用户体验，

---

① 运动动作的丰富性（richness of motor action）是心理学和神经科学领域常用的术语，用于描述个体能够执行的多样化和复杂性的运动行为。在设计学领域，学者通常会将该理论用于交互研究中，例如 Djajadiningrat 等人于 2004 发表的文章 "Tangible products: redressing the balance between appearance and action"，阐述了产品所需动作之间的高度机动空间。在设计学领域，我们可以将运动动作的丰富性指代人造物与用户运动行为之间交互的复杂性和多样性，以及设计师如何通过设计来支持和优化用户的运动体验。

从而增强品牌价值。然而，电子商务对可持续性的日益关注也深刻影响着其沟通方式。根据 Smithers Pira（2018）公司的研究，到 2023 年，商家对可持续包装材料的需求将翻番，但这一趋势不限于电商包装的材料和功能。虽然个性化的开箱体验无疑是要实现的一个重要目标，但沟通策略还应满足越来越关注其环境影响的用户的可持续性需求。

在传统商店里，我们习惯于看到货架上薄薄的零售包装，而我们并没有完全意识到所有用于处理该产品的次级和三级包装。相反，在电商中，次级包装直接送到客户家里，客户能意识到它的所有环境和功能问题。这对制造商和零售商来说是一个环境和沟通方面的挑战：所有的包装都与用户密切接触，且必须回应用户的看法和评价。

优化包装、使用回收的或可回收的材料、促进包装再利用，这些都是提高包装可持续性和降低环境影响的可能策略，但它们必须符合统一的、整体性的沟通策略。

例如，模切嵌件（die-cut inserts）是一个有效保护产品和优化布局的系统，同时，一旦包装盒被打开，它们可以提供一个引人注目的产品展示。Dollar Shave Club（2018）[①] 是一家提供剃须刀和其他个人护理产品的会员计划公司，其包装由哈瓦那纸板制成，采用黑色单色印刷，并使用模切嵌件以一种安全、整洁和视觉上具有吸引力的方式容纳产品。初级和次级包装作为一个整体，在功能、

[①] Dollar Shave Club（DSC）是一家总部位于美国的订阅式个人护理产品公司，成立于 2011 年。它最初以提供剃须刀和刀片订阅服务而闻名，后来逐步扩展到各种男性和女性个人护理产品的订阅服务。

环境和沟通层面上带来富有成效的结果。

纸质包装是电商的常见选择，因为它们是由易于回收和可定制的材料制成。通常，定制是基于印刷图形和选择与品牌策略匹配的颜色。然而，选择利用触觉感知的纹理和饰面也可以成为环境可持续性和沟通认同的有效方法。

案例研究：Wow Factor

名称："Wow Factor" for Tucano

设计师：Gianfranco Stefanelli

所属公司：Botta Packaging

年份：2016

国家：意大利

材料：瓦楞纸板

开箱体验是零售商的首要任务，因为它提供了提升品牌形象同时降低成本的机会。麦克法兰（Macfarlane）（2017）进行的开箱调查显示，30％的包装没有反映品牌价值，20％的包装不适合产品，15％的包装过大，7％的交付产品受损。

在为电商设计新包装、关注开箱体验的同时，还必须重视匹配合适包装尺寸和提供高效包装解决方案。这正是 Botta Packaging 为 Tucano（一家生产笔记本电脑包及相关配件的意大利公司）设计"Wow Factor"包装时的目标。

该项目旨在为 Tucano 公司新的电商系列产品设计定制包装。解决方案应具有成本效益、环境友好、引人注目等特征，并符合 Tucano 的品牌身份和价值。最终方案是一组三种不同的盒子，每种盒子都为特定的 Tucano 产品量身定制。所有三种包裹均在外部使用棕色瓦楞纸板，以减少大量外部涂装，并在交付过程中保持低调。包装避免使用塑料填充物，并采用了创新的内部胶带解决方案，以确保包装完整性，同时保护产品免受篡改和伪造。不同尺寸的设计可减少材料消耗并优化配送，包装/产品比率通过使用适量的纸板来最大限度地减少浪费，使解决方案具有成本效益。

盒子的内外部设计有意不同，以增加开箱时的惊喜。从外观上看，包装本身是一个标准的盒子：简单的形状、自然的棕色、单色的公司标志。内部的设计则是明亮的，意在制造惊喜。三种尺寸的包裹内都有一个独特的色彩背景，使得在开箱时刻给用户带来惊喜和个性化体验。此外，内部沟通采用了非正式的方式："Ciao/Hello"① 的欢迎语旨在与用户建立新颖且个性化的联系。这些产品是在国际范围内销售的，因此英语问候针对的是全球客户，而意大利语问候强调的是产品的原产地。内部的注释是一些简单的短语，以增加用户对该品牌的参与度。

可持续性是必须满足的要求之一，因此制造商选择了一种特殊的印刷技术——柔版印刷（flexographic printing），这种印刷技术

---

① Ciao 和 Hello 分别是意大利语和英语中的非正式、亲切的问候语。

在使用水基色彩的同时不牺牲高质量色彩呈现效果。此外，不同尺寸的包装盒使得在生产过程中减少了浪费。为每个包裹提供合适的尺寸还意味着一个托盘上可以放更多的箱子，更好地利用仓库空间、减少上路的卡车数量，从而降低物流成本和环境影响。瓦楞纸板是一种易于回收利用的材料，免用填充物使得单一材料的包装成为可能，从而易于被用户识别和回收利用。

2.7　意识

今天，对不损害地球及人类福祉的产品和服务的需求不断增加，因为价值观驱动购买行为。根据智威汤逊（J. Walter Thompson Intelligence, JWT）旗下的创新团队（The Innovation Group)[①] 于 2018 年公布的报告，消费者正以可持续的观念行事，加大了对品牌采取可持续行动的压力，要求品牌提高透明度、推动更可持续的选择。因此，用户不仅要求产品是可持续的，而且希望公司及其供应链提供准确和可靠的信息，使他们能够有意识地做出决定。报告显示，83％的受访者总是会选择在可持续方面有建树的品牌，但 86％的人认为产品上没有足够的信息让消费者评估产品及品牌的可持续性。据国际邮政公司 2019 年开展的调查显示，在线购物者在可持续性方面也表现出类似的趋势。由于这些原因，品牌的可持续性需要不断发展，以回应具有环境意识的用户对伦理实践、负责任的行为和旨在减少废物及资源损耗的创新等层面的要求。这是一项艰巨的任务，但不少公司已经开始致力于创造结合合意性、功能性和环境可持续性的产品、服务、包

---

① 智威汤逊是一家全球知名的广告公司，成立于 1864 年，总部位于纽约。JWT Intelligence 是 JWT 的一部分，专注于深入研究消费者行为和市场趋势，以帮助品牌了解市场动态并制定策略。而 The Innovation Group 是 JWT Intelligence 旗下的一个部门，专注于全球市场趋势、消费者洞察和创新研究，它每年发布年度趋势报告，预测各个行业和地区未来的消费者行为和市场动向。2018 年 11 月，其控股公司 WPP plc 将智威汤逊与数字营销公司伟门（Wunderman）合并成立 Wunderman Thompson。在 2023 年 10 月，WPP plc 宣布将 Wunderman Thompson 和另一家集团代理公司 VMLY&R 合并并创建一个名为 VML 的新合并实体。

装和新系统。

2.7.1 透明沟通

沟通策略促进了批判性消费（critical consumption）[①]，在这方面，用户越来越关注沟通的透明度。根据 ECC Köln[②] 于 2015 年的研究，在线零售商的可持续性举措对用户非常重要。在沟通方面，消费者对"漂绿"的担忧是需要解决的关键问题之一：91.2％的受访者表示，他们欣赏网络零售商就可持续产品进行的诚实沟通，90.9％的受访者认为，值得信赖的零售商不会做出误导性的广告承诺。因此，透明沟通是可持续电商的一个关键词，网络零售商需要告知用户它们所遵守的可持续准则，从而提供关于产品的诚实信息，以及产品或零售商本身如何影响环境、经济和社会的可持续发展。

那么，包装如何融入透明的沟通策略中呢？与传统销售不同，电商包装不能在购买前积极促进知情消费，因为它是在购买之后才发挥作用的。然而，当用户接触到实物产品时，包装是唯一存在的沟通工具。诚实的沟通可以使包装成为产品的"说明书"，以一种创造性的、动态的、有效的方式提供信息。

---

① 批判性消费是指消费者根据道德、信仰和价值观有意识地选择购买或不购买特定产品和服务。这是消费者在购买产品或服务时深思熟虑和理性决策的过程，这种过程不仅仅关注个人需求和偏好，还包括对产品或服务的社会、环境、经济影响的综合考量。

② ECC Köln 是德国 IFH KÖLN（零售研究所）的社区合作伙伴和零售咨询平台，成立于 1999 年，致力于为零售公司、服务提供商、品牌制造商等广泛市场主体提供深入的行业洞察、市场分析和战略建议，帮助零售商制定和实施创新的解决方案，以应对市场竞争和消费者需求的变化。

例如，全球宠物食品行业巨头普瑞纳（Purina）[①]　（CBA，2017）创建了一系列电商包装，利用盒子的外部区域提供所含食品的详细信息，包括成分、产地和健康宠物食品的原则。相反，美捷步（Zappos）[②] 于 2014 年推出了"I'm not a box"计划，以促进其包装符其对环境可持续性的行动。包装定制了不同的图案，旨在提高消费者对包装再利用重要性的认识，用户被邀请通过他们的日常行动来做出改变，此举意在分享电商企业的可持续目标。

2.7.2　价值驱动的电商

当下的经济框架使得公司追求短期财务目标，并不惜一切代价为股东争取利益。然而，解决可持续发展问题需要长远的眼光：对可持续资源、材料或工艺的投资可能是巨大的，几乎没有短期效益。但商界领袖已经开始证明，可持续性的选择是如何从长远来回报经济指标、服务组织发展的。

此外，根据创新团队 2018 年的数据，87％的受访者购物时倾向于选择对可持续发展做出承诺的品牌，而 70％的受访者声称愿意为可持续发展做出贡献的产品和服务支付更多费用。但采取更可持续的解决方案意味着什么呢？今天，公司不仅要减少它们对社会

---

① 普瑞纳是全球知名的宠物食品制造商，始于 1894 年，以宠物健康专业知识、全球化业务网络和持续创新为特色，近年来在数字化转型方面也取得了显著进展，通过电子商务平台和直销模式，提供便捷的购买体验和个性化服务，同时利用大数据分析和人工智能技术优化产品推广和客户体验。

② 美捷步是一家总部位于美国内华达州的拉斯维加斯的在线鞋类零售商，成立于 1999 年，2009 年被亚马逊收购，但继续作为独立实体运营，保留其独特的品牌和文化。

和环境的影响，而且被要求恢复和改善它们所处的地球和社会。事实上，用户寻找的不是一种对环境危害较小的产品，而是一种从根本上更好的解决方案。

提供准确的信息是第一步，但必须在公司和用户之间建立直接和可信的关系，共同承担环境责任和影响。用户的购买选择会支持公司提高其环境、经济和社会的可持续性，从而将用户和公司的可持续行为深刻地联系在一起。沟通应通过推广可持续发展的共同战略来反映这种关系。

Who Gives A Crap（2019）是 Good Goods Pty Ltd[1] 的在线业务，这是一家卫生纸公司，旨在通过追求伦理目标和生产环境可持续的产品来开展业务。这家网店销售的厕纸是用可循环再生纸、竹子或甘蔗渣制成的，不使用化学染料或油墨。一半的利润被捐赠给非政府组织，用于在发展中国家建立卫生基础设施，以防止儿童死于由不良卫生条件引起的腹泻。这家网络零售商的优势在于它通过在线商店进行沟通，幽默而直接地让用户参与商业决策，从而鼓励超越产品的可持续且合乎道德的行动选择。

---

① Good Goods Pty Ltd 是一家成立于 2013 年的澳大利亚公司，主要业务是生产和销售卫生纸和相关卫生产品，成立的初衷是为消费者提供高质量、环保和可持续的卫生纸选择。而"Who Gives A Crap"成立于 2012 年，总部位于澳大利亚墨尔本，是 Good Goods Pty Ltd 的子公司，专注于提供环保和社会责任的卫生纸产品，成立初衷是通过卫生纸销售来筹集资金支持全球范围内的卫生设施建设项目。

案例研究：comPOST

名称：comPOST 包裹

设计师：Kate Bezar & Rebecca Percasky

所属公司：The Better Packaging Co.

年份：2018

国家：新西兰

材料：聚乳酸（PLA）、玉米淀粉、聚丁烯二酸对苯二甲酸酯
（PBAT）

在欧洲和美国，包装废弃物约占城市固体垃圾体量的 20％
（EPA，2015；Eurostat，2016），给社会和环境系统造成广泛的负面
影响。向循环经济（circular economy）的范式转变方兴未艾，这促
使我们重新思考定义工业体制的线性系统（取—造—用—弃），转

而倡导流程和产品的循环视角（生长—制造—使用—恢复）。当涉及包装的可循环路径时，重复使用无疑是关键战略之一，但包装使用期结束时，应对其带来的环境影响的创新解决方案也是非常必要的。采用生物基包装是一种有效且有前景的缓解气候变化的战略（Casarejos et al.，2018）。

comPOST 的包装案例是朝着这个方向迈出的一步：The Better Packaging 公司提供了专为电商设计的七种包装袋，旨在最大限度地减少其生命周期各阶段对环境的影响，包括从原材料到生产、使用、处置。comPOST 的包装由 100％可生物降解和可堆肥的材料制成，包括玉米淀粉、PLA 和 PBAT。该包装通过了澳大利亚（AS 5810）和欧洲（OK Home Compost 和 EN13432）的家庭可堆肥认证标准。事实上，与传统塑料相比，这种材料组合无毒且不含邻苯二甲酸盐或双酚 A（BPA），可减少 60％的二氧化碳排放量。PLA 是由美国种植的玉米制成的，已经被用于多种工业和功能性终端用途。该供应商目前的使用量为全球每年玉米作物的 0.05％，因此对粮食价格或供应没有影响，而且这些植物原料每年都会被重新种植而再生。该公司还致力于通过选择最丰富和当地可获得的生物基碳源来实现原材料的多样化。在未来，PLA 可能是来自甘蔗渣、木屑、柳枝稷、秸秆中的糖类，还有海藻。目前，生产 PLA 所使用的能源比传统塑料少 65％，它产生的温室气体也少 68％。

除了完全可堆肥，包装还有效地满足电商部门的要求。这些包装袋防水、不透光、可密封，而且足够耐用，可以像传统的一次性拎包一样，保证非易碎物品的正常运输。材料经过配制也确保热标签可以牢固地黏附在表面。包装的轻便性和灵活性有助于减少运输阶段对环境的影响。此外，包装可以重新密封并在退货时重复使用，这要归功于"cut here"（从这里切）标记，以保持其可重复使用性。

另一个有趣的地方是包装的视觉设计，它用一句幽默的"I'm a real dirt bag"（我是个真正的土包子）来传达其与传统塑料快递袋的区别。它还提供了清晰而直接的报废说明："I'm not for the recycling bin. Put me in with your food scraps & garden waste instead*. Before long, worms will be eating me for breakfast & I'll be growing you more food."（我不希望被扔进垃圾箱。请把我同你的食物残渣和花园废料放在一起吧。过不了多久，蠕虫就会把我当早餐吃掉，我会为你种更多的食物。）与此同时，有一个在线工具可以发现用户的本地堆肥网络，以提高用户对包装寿命终结的认识和兴趣。

最后，从经济的角度来看，comPOST 的包装设计可适用于各种规模的电商商家。对于小型零售商来说，价格也是可以承受的，最低起订量为 100 件也意味着商家可以进行小额投资。通过这种方式，该公司为小型网络零售商提供了传统一次性塑料包装的可持续性替代品，在包装报废管理时满足了城市废物处理系统和用户自身的需求。

第三章

走向创新场景：从包装到系统设计

通过研究设计师所处语境的可能演变，我们可以进一步探索前一章中所阐述的设计线索。虽然专注包装设计可以减少一些环境影响，但设计也可以通过改变整个系统以减少全球物流所产生的巨大环境影响。电商的发展是难以预测的，新涌现的工作类型、利益相关者和法规可能会不可预知地重塑当前场景。然而，系统设计方法可以帮助定义电商系统物流管理的创新未来场景。

本章探讨了三类主要的电商类型：水平型、垂直型和小规模零售商。

（1）水平型电商平台：水平型电商平台指在国家和国际层面上销售大量类别的产品，是商家和终端消费者之间的一个中介，它提供网络服务，在某些情况下，还提供存储产品的服务。目前水平型电商平台在创新存储和交付技术上的投资推动了自动化和个性化，以便在用户的日常生活中获得可识别和普遍的存在感。

（2）垂直型电商平台：垂直型电商平台销售来自特定行业的产品，与水平型零售商不同，它们可以专注于特定的沟通，以及专门的包装和技术来交付其产品。

（3）小规模零售商：小规模零售商通常是指销售利基产品或本

地产品的小型企业和零售商［在后一种情况下，它被称为超本地电商（hyperlocal e-commerce）］。它们可以是垂直的或水平的，其发展围绕着其产品的独特性以及与用户的紧密关系展开。包装技术可以为这类零售商提供专门且定制化的服务。

包装设计师必须考虑这些不同类型的电商语境，以及不同语境可能会对环境产生潜在的差异化重大影响。因此，我们需要一种系统性的方法（a systemic approach）来解决产品与其所处系统的关系，从而促进电商更可持续发展。

3.1 设计创新和可持续的电商系统

上一章讨论了与包装设计相关的问题，探讨了包装在电商部门暗含的环境和物流影响。尽管包装的作用明显，但有必要从更广泛的设计视角出发，才能为重新定义整个系统以及减少来自电商的巨大环境负担作出重大贡献。系统的成果依赖于整个价值链上的每一环节所采取的行动，从向制造商下订单到最后一公里配送。这不仅需要公司内部各部门之间的协作，还需要整个价值链上利益相关者的合作。如果没有一个更广泛、更整体的方法来应对电商，与之相关的环境影响将是不可持续的。电商的未来难以预测，因为有许多利益攸关的因素，例如：按需经济服务领域的工作的质量和类型；新物流参与者的涌现以及大型零售商对物流服务的集中化；跨境贸易法规新规。在这种种不确定的情况下，系统设计的工具和方法可以为预测和设计新的可持续电商情境作出有益贡献。在多利益相关者情境中，管理复杂问题是系统设计的核心，电商物流复杂性需要能够管理其复杂性和动态性的有效方法。

　　系统论发端于 20 世纪下半叶，研究领域包括生态学、生物学、心理学和控制论（Capra，1997）。在接下来的几十年里，系统思维已经被应用到许多科学领域，包括教育、环境科学、公共卫生、运筹学、管理学、城市规划和其他自然科学。系统论研究系统的结构、功能，以及它们如何与其他系统或与其自身的组成部分连接（Heylighen，2000）。系统思维关注的是组成整体的各部分之间的关系，而不是将一个整体简化为其部分或要素的属性。尽管系统思维被承认是有效的，但由于其方法论多元性（Cabrera，Colosi & Lobdell，2008）以及对全球社会影响不足（Ackoff，2004），系统思维也受到了一些抨击。

　　近些年的研究旨在将应对复杂问题的系统思维与以直觉的和行动为导向的设计思维相结合。李（Li）（2002）借鉴了贝拉·巴纳西（Bela Banathy）的思想，声称设计可以被视为"社会系统中需要经过严格训练的探究领域，其中系统思维是显而易见的"（第393 页）。普尔德纳德（Pourdehnad）、韦克斯勒（Wexler）和威尔逊（Wilson）（2011）的研究指出，从系统思维的角度来看，设计"由于以下种种原因成为解决问题和规划问题的首选方法：对综合型思维模式的信念；相信未来取决于创造（设计是创造的过程）；通过重新设计系统来化解问题（而不是解决问题）的信念"。

　　正如霍斯特·W. J. 里特尔（Horst W. J. Rittel）在 20 世纪 70 年代已经观察到的，系统论和设计的交融是基于这样的事实："科学关注的是事实性知识（是什么）；而设计关注的是工具性知识（目前是什么与应该是什么之间的关系），即行动如何能满足目标。"

（Rith & Dubberly，2007）这是应对所谓的"抗解问题"（wicked problem）（Rittel & Webber，1973）的基本态度，抗解问题是无法以唯一、客观和明确的方式定义的开放性且复杂性的问题。大多数重要的社会和环境问题都可以被定义为抗解问题，因为它们是无法通过标准的"定义问题 + 解决问题"的方法进行分析的不确定性问题。抗解问题需要跨学科且多利益相关者的方法来应对，即使它们既没有单一的也没有明确的解决方案。根据布坎南（Buchanan）（1992）的说法，设计作为一门综合性学科使得它能够处理这些复杂且非线性的问题："设计师面临的问题是构思和规划尚不存在的东西，这发生在抗解问题的不确定背景下，在最终结果揭晓之前。"

设计的"工具性知识"和不确定性态度一直被提倡用于解决复杂社会技术系统中的抗解问题，从而产生了所谓的系统设计。系统设计不是一门新的学科，而是一种创新的系统导向的设计实践，旨在处理复杂系统中的复杂问题。引用琼斯（Jones）（2014）的话："系统设计在规模、社会复杂性和综合性上与服务设计或体验设计有所区别。系统设计涉及包含多个子系统的高阶系统。通过整合系统思维及其方法，系统设计将以人为本的设计引入复杂的、多利益相关者的服务系统中，如工业网络、交通运输、医疗保健等。它采用已有的设计能力——形式和过程推理、社会和生成式研究方法、草图和可视化实践——来描述、绘制、提出和重新配置复杂的服务和系统。"

尽管关于系统设计理论的文献很少，但它是目前公认的一种整合了系统思维和设计方法的有价值的方法，因此系统设计特别适合应对电商领域复杂且多维的可持续性问题。

在更深入地讨论系统设计为更可持续的电商所规划的新场景之前，重要的是清楚地了解当下的价值链过程是什么，以及它所带来的环境影响是什么（如图2）。

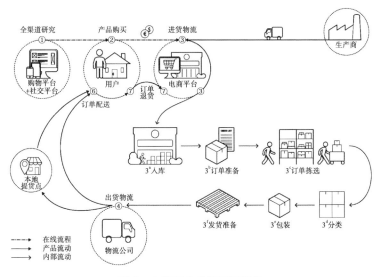

图2 电商平台价值链可视化

这个复杂系统的第一步是买方在购买前的全渠道研究。博客、社交、评论、电商是用户寻找特定商品或者比较商品选项的一些可能渠道。因此，用户使用多种渠道完成单次购买变得越来越普遍。多渠道还允许用户从朋友和专家那里获得产品推荐，并查看比价网站。

之后，用户准备购买并下订单。在结账过程中，用户可以选择最适合他们需求和特定情况的送货方式及付款方式。一些零售商选择通过为在线购物提供包装选项（如标准包装、礼品包装、高级包装、可重复使用包装）来进一步提升品牌体验。

在这个阶段，零售商的进货物流开始了，包括到货、拆包、仓储和内部订单履行（order fulfilment）①。物流需求会根据仓库规模、包装体积、订单及交货的频率、所处理的产品种类等因素而变化，因此，进货物流也会有所不同。通常情况下，零售商手动接收供应商的货物，仓管员负责拆包、分类和质检，并将其入库。某些情况下，如美国电子零售商亚马逊，实施自动化的进货物流。然而，由于机器人的使用还处于早期发展阶段，尽管使用机器人会缩短交货时间，但许多履约任务仍由人工完成。货物通常以托盘的形式到达配送中心，并由专门负责进货的物流员工卸货。主要有两种方法用于仓储：

（1）使用仓库专用箱：产品在除去次级包装后放置在这些专用箱中。这些仓库专用箱上的开口便于拣选。如果使用供应商提供的原箱作为内部箱，则员工会在每个盒子中切出开口以便于拣货。

（2）去除二次包装的顶部，使货物更容易接近。

接着是提货前的订单准备了。网络零售商通常通过实时库存管理系统打印订单清单。对于订单处理，员工根据公司的拣货策略准备拣货列表。在较大的履约中心（fulfillment centers）② 或物流中心（distribution centers），拣货员通常被分配指定且专门的任务，而在较小的履约中心，拣货员通常处理多项任务。拣货通常涉及同

① 订单履行是公司从接收新订单到将订单交付客户的所有步骤。这种做法包括仓储、挑选和包装产品、运输产品，并向客户发送自动电子邮件，让他们知道订单正在运输中。
② 履约中心是供应链的一部分，是将产品从卖方送到客户手中所需的所有物流过程的枢纽。它处理从订单挑选和处理到包装和运输的整个订单履行过程。

时处理多个订单，既可以按批次也可以按订单排序拣货。在大型履约中心，订单清单有时会根据拣货区域进行划分，以减少拣货员所处理的产品种类，提高拣货效率。

订单产品的拣选是指选择储存在仓库中的物品，并准备包装和发货的过程。今天，大多数电商公司都有人工拣选操作，因为目前投资自动化系统是不合理的。速度是拣选过程的最大挑战，特别是在网购高峰期。仓库和库存管理以及路径优化等战术决策可以显著提高拣选效率。拣选逻辑通常在分类拣选和多个订单间的单轮拣选中有所差异。当进行分类拣选时，仓库被划分为拣选区，每个拣选员只负责从有限数量和种类的产品中拣选。另一种拣选策略是每个拣选员在整个仓库工作，同时拣选几个订单，以尽量缩短拣选时间。拣选员通常将拣选的货物放在一个推车里。人为错误通常是订单拣选过程中出错的主要原因。幸运的是，许多电商企业有数字检查系统，以尽量减少错误。

之后，通常人工对订单排序。然而，一些大型纯电商公司会在分拣过程中使用传送带。排序过程通常分几个阶段进行管理，例如，在第一阶段按目的地对产品排序，然后在第二步按订单对产品排序。

订单集合完毕，就开始包装阶段了。这是一个复杂而棘手的过程，因为越来越多的订单包含需要装在同一包装中运输的不同形状尺寸的各种物品。在为订单选择包装时，有许多因素需要考虑：产品保护、品牌推广和维护产品，包括其新鲜度，以及最大限度地减少包装材料的使用量和空运量。对于企业来说，最重要的因素是包装速度、准确性、产品保护和尺寸缩减，因此在包装时往往没有考虑包装美学或用户期望。

当包装工作完成后，在发货前还需要进行一些准备工作，比如将包裹堆放到推车或托盘上。在分类过程中，工作人员有时对包装好的货物处理不慎，偶尔会随意地将物品扔进推车，而没有考虑到应该将重物放在推车底部以保持稳定。发货准备的目标是在车辆离开配送中心之前，尽可能多地装载产品，以最大限度地利用宝贵空间。通常，包裹会被装载到推车或托盘上，然后滚到卡车上。

现在，一切都已就绪，为出货物流做好了准备：订单的发货、配送中心处理以及交付给取货点。许多网络零售商将代发货（drop shipping）作为其供应链管理战略的重要组成部分。这意味着，网络零售商不用在现场备货以履行订单，而是将订单转给制造商或批发商，由它们将订购的商品直接运送给消费者。大多数情况下，网络零售商将运输工作外包给第三方物流公司，由后者负责处理从网络零售商仓库到终端用户的运输。一些网络零售商有自己的配送网络，提供"当日达"服务的公司通常会选择完全控制从配送中心到用户的整个运输过程。在配送中心，包裹被分类，并确定尺寸重量和货运费用。这通常是一个自动化过程，涉及传送带传送包裹、数据自动记录在尺寸读取器上等过程。除非遇到尺寸或形状不规则，或者超大包裹必须由人工处理外，即使是易碎品，也大多采用的自动化操作：包裹在传送带上运输，并在适当位置从传送带上滑下以装载到合适的卡车上。

对于处理电商订单配送的物流或快递公司来说，交付异常（即买家未及时到场领取包裹）是最大且最耗时的挑战。因此，现在许多网络零售商提供"点击提货服务"（click-and-collect service）①，为线上购物者提供随时提货的便利。对于全渠道公司（omnichannel company），用户可以选择在附近的实体零售店提货。这种模式虽然便捷，但也有一些缺点。提货点可能会很拥挤，特别是在圣诞节这样的高峰期。网络零售商的另一种替代方案是使用快递柜储存商品，快递柜通常位于繁忙的公共场所和购物中心，用户在方便时随时提取快递。一些网络零售商正在拥抱其他创新性的点击提货概念，比如免下车点击提货服务（drive-through services）②。然而，点击提货服务并不能完全满足用户对在线购物及时交付的需求。

最后一步，交付订单，最后一公里通常被认为是供应链中效率最差但最关键的环节。没有自有配送网络的网络零售商无法控制对用户的最终交付。因此，它们很难知道最后一公里的交付方式：可能是快递公司通过卡车、汽车或自行车送货上门，也可能是客户步行至零售点、快递柜或其他快递站点领取包裹。网络零售商的营销战略部分依赖于社会媒体，它们明白令人难忘的开箱体验有利于品牌塑造。正如网络社区中的开箱视频和图片所呈现的那样，包装的外观对用户很重要。出色的包装会受到关注，并且开箱社区和个人对社交媒体的使用也有助于包装良好的产品在潜在客户中广泛曝

---

① 点击提货服务，即拥有实体店的卖家可为客户提供到店取货的服务。对于卖家来说，通过点击提货服务，能够获得包括商店流量增加、新客户变多、加强与客户的联系、销售其他产品、售后服务、提高商店的能见度等优势。

② 免下车点击提货服务，即消费者可驱车到一个提货点，然后扫描二维码，订单马上就会出现在提货点里面的屏幕上，然后卖方员工会将已经备好的订单商品放入消费者的后备厢，消费者全程无须下车。

光。毋庸置疑，在订购高端产品时，人们的期望值很高，用户期望订单的交付和包装会符合他们的要求。交付和开箱为网络零售商提供了一个为用户创造无与伦比的品牌体验的机会，并增强了用户的亲密感和忠诚度。

在这一复杂的供应链中，退货物流是必须要考虑的。网络零售商对退货采取不同的态度，例如一些零售商通过提供免费退货服务来鼓励优柔寡断的顾客下单，而另一些零售商则不提供免费退货服务，因为它们认为这只会鼓励用户退货。退货既可以在实体店进行，也可通过快递服务进行。其中，通过在店内提供退货，零售商可以更好地跟踪库存，并更快地将产品放回电子货架以重新销售，这也是在店内产生额外销售的机会。零售商可通过两种主要方式优化退货：一是设计一个简单的退货流程，二是使用适合退货的包装。顾客在退货时通常使用原包装，但有些包装的确比其他包装更适合重复利用。

对电商物流的所有相关步骤有一个清晰的概念，方便我们理解诸如运输规划和管理、仓储、包装（正如我们在前面的章节中所看到的）和配送网络等物流环节所产生的广泛的环境影响。

3.1.1 运输规划和管理

运输是电商系统最重要的环节之一，是制造商将产品交付给客户的过程。由于运输方式及其排放，在此阶段产生重大环境影响的因素是卖方所选择的运输方式。除此之外，还必须考虑到其他因素。

一些关于零售业对环境影响的研究表明，用户到商店会对环境足迹产生重大影响。根据交通方式、距离和购物篮中的物品数量，用户出行所消耗的能源可能会超过从生产地到商店的总运输能源（Browne et al.，2005）。2015 年在英国进行的一项研究显示了在线快消品零售业影响关键气候变化的潜在因素（Van Loon et al.，2015）。首先，用户出行的方式、电子履约方式的选择和购物篮的大小是决定电商环境可持续性的关键因素。其次，购物篮的大小是决定最合适的配送渠道的关键因素。鼓励用户增加每次交付的物品数量（即减少行程或交付次数），为减少电商业务对环境的影响提供了重要契机。

购物篮中的物品数量是一个决定性的参数。快递配送方式适合于派送物品数量较少的购物篮子。在同一街区的货物组合使得每次交货的距离较短，因此适合小包裹的派送。因此，最大限度地扩大篮子的尺寸总是对环境有利的。同时，所使用包装的数量和类型，以及电子履约中心运营的能源效率，也被认为是应对气候变化潜力的重要因素。

用户对特定产品选择所产生的环境影响的认识正在提高。2010 年发表在《华尔街日报》上的一篇文章总结了一项调查的结果，"17％的美国消费者和 23％的欧洲消费者愿意为环保产品支付更高的价格"。因此，许多网络零售商正在采取措施，在消费者通过互联网购买商品时突出环境选择，例如，亚马逊获得了"有环保意识的电子交易"的专利。它们的目标是区分不同交付方式的环境影响，并专门向那些愿意为具有较低生态足迹的运输方式支付更多费用的用户推销这项服务。其他此类环保交付的例子包括使用混动汽车、包装材料最小化以及高效的卡车利用技术（Carrillo, Vakharia & Wang, 2014）。

3.1.2　仓储和电子履约

在 2015 年的一项研究中，房龙（Van Loon）等人根据交付渠道的结构对不同的履约方式进行了分类。他们把没有实体店的网络零售商称为"纯电商"（pure players），这些零售商需要本地面包车交付并辅以长途卡车运输。另一类是使用代发货（或直运）方式的零售商，即产品由网络零售商销售，但通过包裹网络（例如有既定路线的传统快递服务）直接将物品从供应商处运送给用户。

调查结果表明，特定履约方式下每件物品的排放量在很大程度上受到执行方式影响。例如，在没有事先约定的情况下，派送异常的概率要高得多。这导致（与用户不得不开车到取件点取货的情况相比）每件商品的平均排放量急剧上升。此外，在电子履约渠道中，客户订单的长期合并交付显示出较低的二氧化碳排放量。

大型"纯电商"配送不同供应商的产品，经常将大型消费者的订单拆分为多个小包包裹（由于同一订单下的不同产品可能来自不同供应商），降低了最大化篮子尺寸所带来的环境效益。一个更好的策略是最大限度地利用包装内的空间。对于不属于大型购物篮的产品，快递配送在物流上是高效的，而卡车配送更适合较大的购物篮。然而，如果为最大化的购物篮选择适当的履约方式，可以实现更大的环境效益。

3.1.3　包装

大多数商品的包装是为商店销售而设计的。它发挥着包括传递信息、推销产品、方便操作、储存和使用等多重角色。

关于电商，送货上门或"点击提货"系统的要求与传统的零售模式有很大不同。基于此，电商通常利用两种类型的包装。一是零售包装：产品制造商对其进行包装，以使其对顾客具有吸引力。零售包装通常对传统商业和网络零售商都是一样的。二是外包装：快递员使用一个外包装（纸箱或塑料袋）包裹零售包装；这个包装的唯一功能是提供关于交付的数据信息，并保护其在运输过程中免受损坏。它通常包含需要填充的空隙，以防止包装内容物在运输过程中移动。

在这个阶段，产品通常被包装成不同尺寸装进盒子，并被包裹起来以便在现场或在中间配送点入库。如果单个产品直接运到客户手中，就不需要二次包装，从而节省了纸板、纸张和塑料等材料。然而，最普遍的做法是在产品到达仓库时先包装，然后由网上商店再次包装。

3.1.4　配送网络

运输方式势必会影响电商所带来的环境影响。按所使用的基础设施细分不同运输类型，存在以下几点的显著差异。

（1）运输时间：司机在一条路线上将物品从起始地点运送到最终目的地所花费的时间。

（2）运输成本：这些成本包括为使车辆工作而生产和购买的燃料，其管理和维护的费用，以及在跨境商业情况下的关税费用。

（3）灵活性：车辆适应不同类型和数量的订单的能力。

（4）容量：车辆可容纳的最大物品数量。

随着电商的快速发展，越来越多的公司崛起，参与其供应链中并更高效地履行订单。

例如，DHL 是管理全球配送网络的公司之一。它是世界最大的物流公司，特别是在海运和航运领域。如今，DHL 已成为全世界最广泛使用的包裹承运商之一，被亚马逊、eBay 等电商巨头所选择。作为世界上最大的物流服务供应商，DHL 有义务将其业务和内部流程对环境的负面影响降到最低。最近，DHL 发起并实施GoGreen 环保计划，其目标是避免、减少温室气体排放，并在必要时给客户提供抵消温室气体排放的机会。为了达到这一目标，DHL 制定并实施了一系列措施，以提高其航运、陆运业务以及其建筑和设施（包括办公室、仓库、配送中心）的碳效率。首先，DHL 使用标准化的程序来测量温室气体排放，并不断尝试对其进行调整和优化。其次，在转向替代能源和燃料之前，DHL 努力减少能源和燃料的消耗。此外，DHL 还提供了一款名为"碳计算器"（carbon calculator）的在线免费应用程序，它为几乎所有的货运尺寸和运输方式提供基于数据的实时碳排放计算。它是电商零售商规划运输方案和计算碳足迹的一个有用的工具，具有便捷性和互动性。

为了更好地理解电商系统对环境的影响，以及设计师如何用更系统的方法来应对这一新兴挑战，即不仅要关注包装，还要关注整个电商系统，重要的是要看到三类主要电商平台间的差异。这三类主要电商市场呈现出实质性的差异：如在水平型电商市场中，你几乎可以找到每一种商品；垂直电商平台专门从事某一特定领域的产品销售；而小型零售商通常是小生产商或工匠，他们希望通过电商平台扩大自己的产品市场。

3.2 水平型电商系统

水平型电商平台是指面向来自不同行业公司的市场。一般来说，用户选择它们是因为其可供选择的商品类型多，而不是因为该市场中的商家。在这种情况下，水平型电商平台是卖方公司（即商家）和终端用户之间的中介平台，它提供网络服务，在某些情况下，还提供存储产品的服务。正如前文提到的，这个价值链中的一个重要利益相关者是快递员，通常由第三方公司提供服务。

如图 3 所示，在这个复杂系统中涉及的主要利益相关者是：

（1）商家：生产商以常规包装销售它们的商品，这种包装同时用于电商和实体店，极少数情况下有专门为线上市场设计的包装。商家可以是小型、中型或大型的，它们参与水平型电商市场的动机取决于其公司规模，尽管主要原因当然是扩大其市场份额。这些商家的主要活动是生产商品，并为电商平台的仓库创建二级和三级包装。

（2）电商平台：其主要角色是管理所有订单，使流程尽可能高效，减少错误率、提升用户满意度。

（3）本地仓库：它们从不同卖方公司接收产品，拆开包装，储存并完成最终包装，最终包装内通常包含来自不同卖方公司的不同种类的产品。

（4）快递公司：它们不仅负责供应链的最后一公里，还负责从商家到本地仓库的初步运输，因此它们在整个系统中发挥着至关重要的作用，会影响送货速度、二氧化碳排放和城市交通。

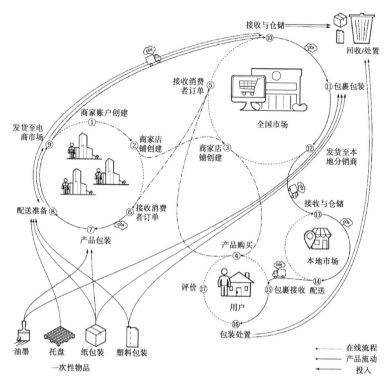

接收与仓储 ━━▶
回收/处置
⑩
接收消费
者订单⑤
全国市场
⑪包裹包装
商家账户创建
①
发货至电
商市场 ⑨
商家店
铺创建②
⑫ 发货至本
地分销商
商家店
铺创建③
接收与仓储
⑬
配送准备⑧
接收消费
者订单⑥
本地市场
⑦
产品包装
产品购买
④
⑭ 配送
评价⑰ ⑮包裹接收
用户
⑯
油墨 托盘 纸包装 塑料包装
包装处置
一次性物品
┄┄┄ 在线流程
━━━ 产品流动
━━◀ 投入

图3 当前水平型电商系统可视化

（5）用户：2018 年，欧盟介于 16—74 岁之间的网购用户占比达到 60%，25—54 岁的互联网用户的网购的比例最高（Eurostat，2018）。产品交付时往往有两个包装，一个只是用于运输，产品交付后立即成为废弃物（某些物品的退货除外），另一个是常规的主要包装，是否在交付时成为废弃物由其包裹的不同产品性质决定。

3.2.1 当前系统流量和关键问题

当下水平型电商流程中的一些主要问题与环境、经济和社会议题相关（见图4）。

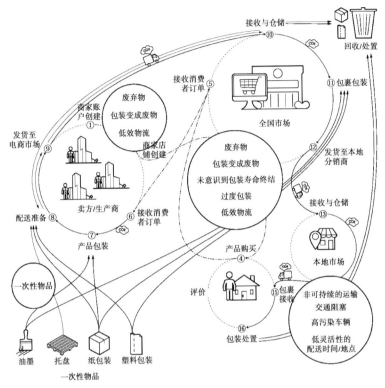

图4 当前水平型电商的主要问题

首先，有些问题严格来说与包装有关，例如包装的生命周期非常短，包装履约应更具空间效率，以及注重隐私问题。

（1）最终包装都有一个明确的目的地，一旦交付物品，包装通常就被扔进垃圾桶（除非是退货订单的包装）。当水平型电商平台不承担仓储任务，而是直接从商家运送到终端用户时，水平型电商平台就无法控制包装的使用，尽管其可以提供一些建议来降低环境影响，但由于不直接参与包装过程，因此无法做出切实改变。

（2）订单履约的大小和体积效率至关重要，因为一个订单通常包含不同种类的物品，但是使用的包装是标准的，因此造成了很多空间损失。

（3）最后，交付可以是送货上门，也可以选择将货物放置在储物柜或其他公共场所，如办公室、食堂、零售店、邮局。在选择公共场所作为交付点时，应确保用户隐私得到保护，可以考虑通过包装进行沟通或广告投放（而不是直接在包装上张贴用户个人信息）。

其次，一些问题是不同参与者之间缺乏合作造成的。每一位参与者都只专注于提高自己的业务效率，而忽视了对整个系统的责任，这导致了整个供应链的低效。缺乏共同愿景和战略规划体现在很多方面，例如，每个参与者产生的材料浪费，以及为满足快速交付而产生的递归路径。

3.2.2　新场景和可能性

水平型电商的创新场景可以利用的两个主要潜力是：一是重新设计整个流程中的活动以及参与者责任，使之更具有协作性；二是从早期阶段重新设计包装，改变系统流量。

快递员在系统中发挥着至关重要的作用，同时他们也对环境影响负有很大的责任。为了分担他们的责任并加强不同参与者之间的合作，给水平型电商系统的提议是直接管理仓储和运输。这样一来，电商平台没有增加更多的参与者，而是获得多种责任，这些责任可以由国家级电商平台、区域电商平台和本地电商平台等参与者分担。不论如何，对所有参与者及其角色的更广泛的概述可以帮助更好地理解整个新系统（参见图4）：

（1）商家：产品生产出来后，商家用专为电商业务设计的包装包裹它们。新的包装应该既适用于水平型电商平台的运输，也适用于终端用户。这要求包装设计得更高效，确保在整个流程中没有浪费，也没有其他多余步骤。在这一点上，所有的新包装都可以堆叠在托盘上进行运输。托盘的设计也有创新，不再使用 PVC 薄膜来覆盖和封口，而是采用了一个新的盖子，这个盖子在确保更好地保护产品的前提下可重复使用。

（2）电商平台：电商平台在国家、区域和地方层面具有不同级别职权范围，使整个系统更加高效。当全国级电商点收到来自许多不同商家的托盘时，它可以移除新设计的盖子，以将其与托盘一起退回到出发地。全国级电商点只储存单独的产品，当接收到客户的订单时，它可以直接从库存中提取产品并在其上贴上标签，而无需任何进一步的包装，接着将其发送到区域电商平台。区域电商平台的作用是按目的地对产品进行分类。在交付之前，还需要进一步由系统中的一个全新参与者，即本地电商平台完成。区域电商平台和本地电商平台之间将由电动汽车或无人机（在更具未来感但技术上可行的场景中）在预先确定的时间内，沿着不会影响城市拥堵的道路运输。当产品到达本地电商平台时，用户可以选择如何提取它：得益于自动化技术和战略定位，用户可随时直接从中心提取产品；得益于先进的计划和跟踪系统，用户可以预约时间在家里或者办公室接收它。此外，如果距离可行，也可以通过货运自行车完成配送。

（3）用户：当产品交付给终端用户时，根据产品类型，商家提供的包装可以有不同的寿命，例如，意大利面的包装寿命通常持续到用户在家将产品完全消费完为止；智能手机的包装寿命将至少到保修期结束；U盘的包装将会被立即扔掉。无论如何，所有的包装都将使用一种可回收材料，再加上包装上印有与包装处置和回收相关的文字和符号，它们将很容易被正确处理。

这个用于水平型电商平台的新系统（如图5）有多重优势：首先，从一开始就对包装进行干预，可以显著减少材料使用并使整个系统更高效、更快速。此外，这一新的系统性提案保证了不同参与者之间的强有力合作，特别是在商家和电商平台之间实现共同效益且降低成本。一个至关重要的方面是，同一包装在其生命周期中应该具有不同的沟通层次，因此，可以将标签系统添加到包装中，且

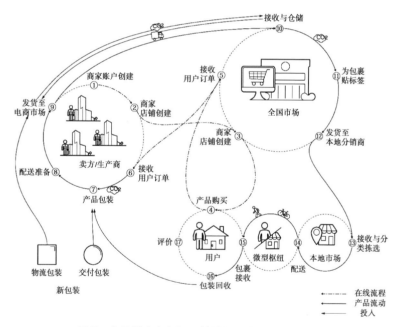

图5　水平型电商向更可持续场景发展的系统演变

使其对终端用户来说是显而易见的，以让用户更加了解"包装旅途"。重新设计从商家到电商平台所使用的托盘是另一个重要方面，能减少进入垃圾填埋场的材料数量。最后，在各层级电商平台间的运输方案允许做出更可持续的选择，并减少城市交通。

这种创新方案的主要指导方针是将目前的产出转化为投入，尝试模仿自然界永远不会产生废物的特性。在对现有系统的分析中，可以明显地看到，在所有的步骤中，有许多与包装有关的材料浪费。因此，需要对系统进行重新设计，特别是考虑到电商的新兴需求，而当前的市场由于与传统需求捆绑在一起，无法满足这些需求。

此外，社区角色在这一创新场景中得到重视，成为这一系统模型的主角。为了减少这一复杂系统的环境影响，所有参与者都必须表现出更强的合作意识及意愿。因此，使用电动汽车、无人机或货运自行车来解决配送最后一公里的问题，将减少二氧化碳排放，并缓解城市中心的交通拥堵问题。

最后，系统参与者之间的关系对系统的成功至关重要。它们应该共同承担责任，以获得个体和集体的双重利益，例如降低成本、减少废物产生及排放等。

案例研究：京东

电商名称：京东

电商网站：https：//www. jd. com/

年份：1998

国家：中国

　　大型交易平台可以提供先进的零售基础设施，允许用户随时随地购买他们想要的任何东西。通常，水平型电商向合作伙伴、品牌商和其他相关部门开放其技术及基础设施，通过推动各行业的生产力和创新来扩展业务。尽管其总体基础设施系统的社会环境影响巨大，但这些电商平台在可持续研究及创新领域的投资也巨大。越来越多的电商企业正在引入与企业社会责任（CSR）相关的创新项目。

　　京东是中国大型的电商平台之一，也是中国领先的技术驱动型电商企业和零售基础设施服务提供商。公司推出了全面的企业社会责任战略，旨在对其运营所在的社区产生积极影响，其中不仅包括对客户，也包括对合作伙伴、投资者、员工和更广泛的社会。社会责任的核心焦点包括环境可持续性、员工福利和减贫。2014 年，京东公益基金会成立，旨在为社会公益服务整合社会资源，聚焦扶贫、救灾、教育、环保、社会创新等领域。在环境可持续性方面，京东致力于加强绿色物流，降低储存、运输和包装过程中的资源消耗、环境退化和污染。2017 年，京东与品牌商、制造商、物流公司、包装公司和行业协会共同发起了"青流计划"，这是一项绿色低碳供应链联合运动，旨在提高供应链资源利用率，减少碳排放。此外，京东物流正在逐步将其全国范围内的自营配送车队以及第三方合作伙伴的车队升级为新能源汽车。同时，它与多个品牌商合作，在整个供应链体系中推广可重复使用的包装。自 2014 年以来，京东已经使用了超过 100 万个可重复使用的快递袋。

在社会可持续性方面，京东建立了一个专门的平台来销售来自中国农村地区的产品。截至 2020 年，农村地区 136 大类的 300 多万件商品在网上销售，实现销售额 200 亿元，惠及来自中国 832 个贫困县超 30 万农民。京东还在其平台上推出了 200 余个地方特产馆，惠及中国 90% 最贫困的县区。在员工权益方面，京东积极致力于保证高员工福利标准，同时还建立了 103 家青年电商孵化中心以吸引广大农村青年、大学生返乡创业。

虽然大型电商平台的规模不可避免地造成环境和社会影响，但其对可持续性政策的关注可以为其大规模配送链所涉及的社区和地区带来好处。

案例研究：Depop

电商名称：Depop

电商网站：https：//www.depop.com/

年份：2011

国家：英国

虽然我们正在迈向全渠道模式，但成功的创新也可能通过专注于单一渠道来实现。特别是如果所选择的是在我们生活中稳定存在的移动渠道，并以使用社交媒体来即时分享我们生活经历为特征。

Depop 是一家成立于 2011 年的公司，在短短几年内已遍布全球，如今拥有数百万活跃用户。Depop 是一个移动交易平台（类似于中国的闲鱼），人们能够在上面买卖二手物品。其原理与其他水平型电商平台相似，如 eBay，但其运作是基于更接近社交网络的销售动态。用户可以打开作为数字店面的个人主页，在那里发布他们想要出售的物品的图片、描述和价格。用户也可以关注自己喜欢的卖家，在订阅界面查看卖家要出售的物品，并使用话题标签进行研究，就像在照片界面（Instagram）上一样。许多年轻用户通过在二手市场挑选衣服，并在 Depop 上向他们的粉丝出售，从而利用该平台创立自己的时尚品牌。与社交媒体一样，最好的营销人员是网络红人，他们不仅分享他们的产品，还通过多平台主页分享观点和个人生活。由于 Depop 是一个 C2C 市场，用户用自己的包装来运送物品，但有趣的是，我们注意到社交方式影响了包装。事实上，卖家/红人在社交渠道（YouTube 和 Pinterest 等）上发布了数百个视频和图片库，给如何包装在 Depop 上销售的产品提出建议，以及包装优化和轻量包装问题。

  Depop 的社交商务方式在经济上无疑是成功的，也带来了积极的环境影响。首先，它使二手商品成为一种时尚选择，在年轻一代中传播，特别是在美国。该市场推动了一种全新的所有权概念，这种概念在流动的共享经济（sharing economy）格局中越来越常见。所有权被使用权的中心地位所取代，这意味着人们感兴趣的是从一项服务中获益，而不是拥有一件物品。Depop 的用户购买 T 恤、沙发或任何其他物品并不是为了长时间拥有它，相反，他们使用物品的时间很短，然后在平台转售。通过这种方式，用户有意识地或无意识地反对"计划性淘汰"（planned obsolescence），支持延长物品的生命周期。

3.3 垂直型电商系统

垂直型电商平台根据所销售商品的类型来定位其目标。这意味着该平台只服务于某一个特定的工业领域。这种电商平台可以是B2B（企业对企业）或B2C（直接面向消费者）。在这一市场中，具有更强领导地位的企业将是先行者，即第一个占据在线市场的虚拟中介主导市场，至少在市场被分割之前是这样。即使在这种情况下，消费者体验也是获得成功的关键。过去十年间随着网络使用的增长，垂直型电商平台数量也在增长，这得益于在线营销工具越来越复杂和精确，且社交媒体能够以一种直接的方式满足特定需求。

该系统涉及的主要利益相关者有以下几类。

（1）生产商和供应商：它们是为用户或其他公司生产或提供所需产品的公司。它们关心客户需求并提出适当的解决方案，负责将产品直接供应给垂直型电商市场，而不是终端消费者。

（2）垂直型电商平台：它们管理所有订单，使流程越来越高效，减少等待时间和出错概率，并提供进一步的服务（如比较或追踪）。

（3）快递公司：它们负责在公司、仓库和用户之间运输产品，根据不同类型的产品、配送时间和运输距离，与生产商和电商平台签订合同。在垂直型电商市场中，食品是一个越来越受关注的领域，快递公司要保证快速交付并使用专用冷藏车保证新鲜度。

（4）用户：在这种情况下，终端用户对他们想要购买的产品有一个清晰的概念，他们可以在垂直型电商平台查看、比较不同的产品以获得更多信息。因此，我们可以发现两种不同类型的用户：线上研究线下购买（ROPO）和线下试用线上购买（TOPO）。

垂直型电商平台使用的包装是专为所售产品类别而设计的。水平型电商平台需要灵活性高且适应性强的包装，以满足各种各样的产品类别，但在垂直型电商市场中，选择是有限的，工业产品的需求是特定的。例如，销售食品的垂直型电商平台应该具备新鲜度、易碎性和有机感官特性维护等有关的具体特征。垂直型电商平台的这种特性可被利用来制定更有效的包装。

3.3.1 当前系统流量和关键问题

垂直型电商平台的主要特点是它只涉及某一特定的行业领域，因此很难确定一个适合所有行业领域共性的系统结构。不过，食品行业都有一个非常具体的供应链，因为其对新鲜度和产地有很高的要求；而除了食品行业以外的其他行业领域都可以遵循一个大致一致的系统结构。出于这个原因，以下介绍与食品和非食品市场相关的电商系统特征。

食品领域电商平台（见图6）从多家公司采购产品。这些产品在业务类型（农产品、预包装产品）、尺寸（微型、小型、中型、大型）、产品种类（生鲜、非生鲜）、产地（国内、国外）以及它们使用的包装上都有所不同。生产商负责将它们的产品运送到电商仓库，所有产品在电商仓库被开箱，来自不同生产商的多种产品被重新包装成一个具有统一品牌标识的新包裹，并在需要时使用保持产品新鲜度的包装。这时，垂直型电商平台已经准备好将订单运送给用户。通常，电商负责这第二阶段的运输，因为它需要保证快速交付和冷链合规。

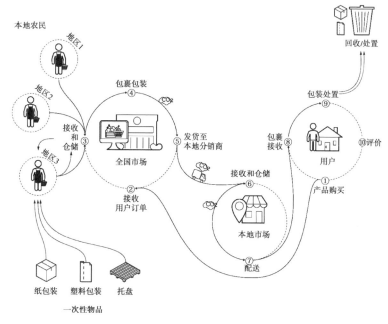

图6　当前食品领域垂直型电商系统可视化

食品的最终目的地一般是消费者家，而不是办公室、快递柜、邮局或其他实体零售店。此外，品牌包装盒通常也是耐热的，因此经常被退回电商处重新利用，尽管在某些情况下，用户可能会决定扔掉它。最后，食品垂直型电商平台的一个特点是，任何无法交付给收件人的包裹必须退回到仓库。这是一个重要的与退货物流相关的问题。

在这个系统中，我们需要解决一些问题以促进更可持续的未来（见图7）。首先，食品不一定来自本地，供应链很长可能导致温室气体排放量很大。此外，这些垂直型电商平台实际上是中间人，所以它们限制了生产者和用户之间的直接联系。虽然电商平台可以提供很多信息，但无法实现各方之间的直接联系。这个系统的另一个弊端是，当产品到达仓库时，它们的包装就立即成为废弃物。除了有形的、物质上的材料浪费，产品无形的、非物质的历史也可能丢失。这进一步限制了生产者和用户之间的联系。最后，交付时给用户的包装盒在其使用寿命结束时或被重新填充时，其价值并不总是被珍视，一方面是因为用户总是浪费这一具有热能技术的珍贵材料，另一方面是用户也没有意识到重复使用此类包装的高价值。

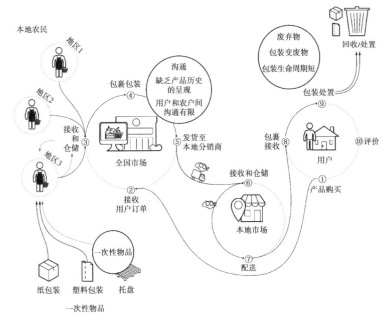

图7　当前食品领域垂直型电商主要问题可视化

对于除食品行业的其他部门，物流和信息流可以概括为以下几点（见图8）。不同的生产商把它们的产品放在托盘上运送到国际仓，然后再运到国家仓及地方仓。通常，在国际仓，托盘被打开，仓库开始根据收到的订单重新充填包装。本地仓负责最后一公里配送，交付可以在不同的地方（家里、办公室、快递柜）实现。其中一些垂直型电商平台以退货物流为业务基础，例如与时尚和服装有关的电商平台。它们的优势在于可以为终端用户提供试穿试用产品的机会，用户可以在收到并试穿后选择他们喜欢的产品。这种试穿试用机会对于某些类型的产品来说是至关重要的。然而，这也意味着一个复杂的退货物流，以及相应的二氧化碳排放。通常这些公司会提供可重复使用的包装，而那些不支持退货的公司通常会提供交付后被用户直接扔掉的标准快递盒。

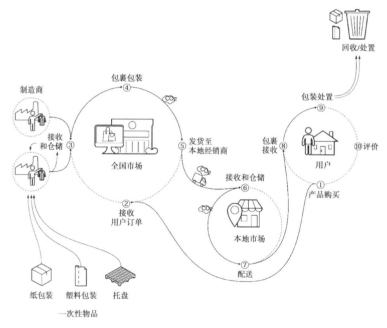

图8　当前非食品领域垂直型电商系统可视化

该系统的关键问题与较长的供应链有关，该供应链产生大量温室气体排放和材料浪费，主要是与每个阶段都要更换包装有关（见图9）。此外，交付给用户的包装通常是不可重复使用的，难以回收，并且在某些情况下非常笨重。最后，由于垂直型电商平台想要强化其作为中间人的身份和角色，生产商和用户之间的直接联系根本不会被考虑在内。

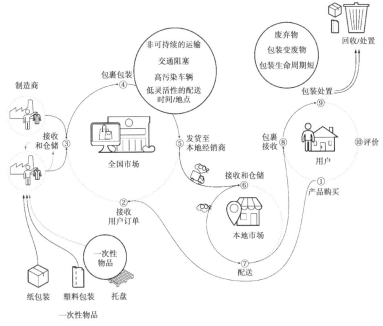

图9 当前非食品领域垂直型电商主要问题可视化

3.3.2 新场景和可能性

在生产者和消费者之间建立信任至关重要，特别是在食品电商市场，因为终端用户对食品品质和食品安全的要求越来越高。他们选择在网上购买食品，不仅是出于快速交付、节省时间等实际原因，也因为可以选择多样化的产品类型，如传统食物、有机食品、本地食品、民族食品等。因此，在新场景和新系统中，平台必须建立生产者和消费者之间的直接联系，以提高消费者的认知和信任。另一关键是设计生产商专用包装，因为促进生产商和电商平台之间的沟通也有利于带来提升双方效率的系统变革。一种可行的选择是使用可重复使用的包装，由于食品在生产商和电商之间运输频率高，空箱返回可能比想象中可行，双方可通过每日运输把它们退回到生产商处。空箱返回也可用于给终端用户配送，因为在网上购买食品的人基本上会有订阅服务，不太可能是食品电商的临时买家，此外，由于终端消费者是在家里签收快递，而不是在其他取货点，这两个重要前提，允许在消费者和本地仓库之间生成"送货上门—空箱返回"的连续循环。

对于除食品以外的其他行业，新的系统场景应基于每个参与者产生的特定废弃物。毫无疑问，包装在这方面起着至关重要的作用，对于时尚和服装等拥有可靠退货物流的行业来说，包装应该被重新设计以延长其使用寿命。对于临时买家更多的行业，比如电子行业来说，延长包装使用寿命也是一个可行的选择，这考虑的是允许用户直接在家里进行包装再利用。

无论哪个行业，都可以缩短供应链，参与者之间的直接联系可以创造更多价值，因为这有益于整个系统的合作和互助（不忘减少运输中二氧化碳排放）。这种新场景使垂直型电商平台更强大，使其在选择最佳生产商和向消费者提供顶级服务方面发挥了关键作用（见图10）。

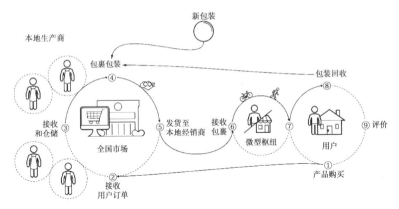

图 10　垂直型电商向更可持续场景发展的系统演变

案例研究：Lanieri

电商名称：Lanieri Srl

电商网站：https：//www.lanieri.com/it

年份：2012

国家：意大利

根据尼尔森（Nielsen）（2018）公司的报告，时尚零售是最受欢迎的网购产品类别。在线时尚零售业主要经营大规模生产的标准服装和配饰，即使有些是手工制作的，但距离定制服装仍有很大距离。典型定制化产品的在线销售极具挑战，因为它要求完全定制化——单独的尺寸裁剪、面料选择和生产成本。然而，垂直电商Lanieri的案例展现了新兴技术和传统工艺的结合何以成功地将定制服装带入电商领域。

Lanieri 是首个致力于 100％意大利制造的男装电商平台，提供完全可定制的衣服、裤子、夹克、衬衫和相关配饰。其主要创新是基于全渠道平台的在线定制服务和用于分析尺寸裁剪的创新算法。服装生产过程是基于严格的本地和国家产业链，从高品质意大利面料到本地制作工艺。在其平台上，Lanieri 采用了 3D 产品配置器的创新技术，提供三维实时展示，帮助用户从超过 1 000 万种不同的组合中进行选择，所有产品都可以通过几次点击实现完全定制。平台收到订单后会根据客户的要求定制衣服，在四到五周内发往世界各地。Lanieri 基于强大的全渠道背景，结合了线上订购服装和线下触摸面料、完成订单的可能性。该公司已经在许多城市设立工作室，并正计划开设临时店铺。由于它的核心是高端定制，因此实体店的存在有利于客户体验面料和服装质量。

从社会和环境的角度来看，Lanieri能够提高处于严重危机中的本地工艺，并通过电商促进其创新发展。该公司总部位于比埃拉地区，那里是意大利重要的纺织中心，但是近年来该地区的纺织业受经济危机影响严重。Lanieri的供应链中使用国家级纺织品、雇佣本地工匠，因此为该地区带来了可观收益。虽然很大一部分Lanieri的用户在国外，但是其国际规模并没有损害当地经济，相反，它带来了新的就业机会和社会福祉。

案例研究：Rose Bikes

电商名称：Rose Bikes

电商网站：https：//www.rosebikes.com/

年份：2016

国家：德国

自行车行业，乃至更广泛的运动器材行业，经常面临网购的诸多限制。一方面，在网上展示产品和运输管理大型精密物品存在技术难题，另一方面，增加了客户在实体店看了产品后在网上以更低的价格购买的风险（所谓的线下试用和线上购买趋势）。这种情况下，全渠道战略是一个宝贵的机会，特别是对于体育类产品。

一个多世纪前在德国成立的 Rose Bikes，近年来利用全渠道销售来提升实体店效益，并以电商作为补充向客户提供灵活性。2016年，该公司彻底改革了其销售体系，开始提供更自由、更简单的购物体验。如今，用户可以在网上选配自行车，将配置项目保存在会员卡上，并在实体店完成定制；或者相反，用户可以在实体店开始选配过程，并在家里完成购买。在 Rose Bikes 门店的"biketown"（自行车城）区域，有几个交互装置和许多大型配置屏幕，用户可以在这里看到真实大小的自行车。此外，门店还提供特别服务，包括给用户测量脚的尺寸、对鞋子进行虚拟测试等，也可定制车座以更好地满足用户的需求，使骑行更舒适。整个过程，用户以定制化的方式购买。然而，为了加强用户和公司之间的关系，订购的自行车将由专家助理在实体店完成交付，他们提供顾问式的服务支持用户选择，并随时提供专业建议和配置调整服务。

全渠道战略带来的环境效益是基于物流基础设施的优化，以及数字化配置带来的仓储简化，有利于定制产品的"及时生产"。从社会的角度来看，电商不仅不会取代实体店，反倒加强了实体店经营，因此该公司在该地区保持着一定的影响力，并提供工作岗位，就 Rose Bikes 而言，这些工作岗位不仅是销售岗位，而且是专业化程度更高的顾问岗位。

3.4　电商中的小规模零售商

在电商的复杂场景中，应特别关注那些期望通过网络来扩展市场和超越本地边界的小规模零售商。小型生产商难以在一众大公司中脱颖而出，因为它们面临很多困难，例如，没有足够的员工来跟踪网页，也没有足够的资金精心策划广告来推广线上商店。

小规模零售商（见图 11）通常是自己生产产品的年轻制造商，它们销售的产品往往是独特的、手工制作的、精心加工的，且材料选择有特定标准。这些工匠们可能没有将自己的产品商业

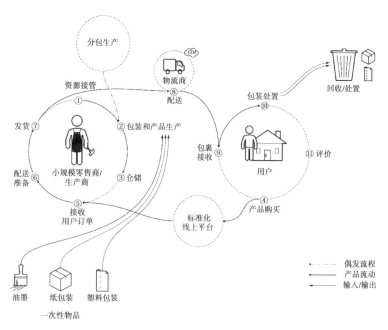

图 11　小规模零售商电商系统可视化

化的虚拟渠道，或者他们有售卖自己产品的网站，抑或他们使用垂直型电商平台销售他们的产品。不论哪种情况，小规模零售商所使用的包装都是标准化的，并不是专为它们的产品设计和生产的，因为小规模零售商的销量不足以支撑定制包装的高额成本。

该系统涉及的利益相关者包括以下几类。

（1）生产商：他们是平均年龄在 20 到 40 岁之间的工匠，在工作室手工制作精美小众产品，工作室通常也是他们销售产品的地方，即便销售和推广的主要渠道是展览会或当地集市。因此，对他们来说，超越地域限制的唯一途径是利用网络。但这并不简单，因为将产品上线并不等于其能被世界上的每个人看到。

（2）小型电商平台：如今，小型交易平台和网络零售商并不那么具体，它们都试图提供与垂直和水平型电商平台相同的服务和结构。然而，它们只部分地满足制造商和用户的实际需求。简而言之，它们只负责订单管理，这需要由有卓越的组织能力、专业且胜任的工人来完成。

（3）快递公司：通常是可以从世界各地运送物品的传统公司。它们有具体的标准以使运输尽可能高效，因此它们提供标准的包装和标签，并有自己的仓库。

（4）用户：他们的年龄介于 18 到 50 岁之间，喜欢寻找高质量、独特的手工产品。他们是此领域的专家，经常参观许多展会。由于他们对产品和行业的了解，他们更喜欢直接与生产商接触，提出具体的需求。

这些产品通常有双重包装：一种是初级包装，生产者在参加展览会和当地集市时使用；另一种是用于将产品（和初级包装）通过快递公司运送给用户的次级包装。初级包装注重细节、专为产品而设计，是针对产品的；然而次级包装则是标准化的，直接从快递公司购买以满足配送需求，但包装与产品及其历史没有任何联系。

3.4.1 当前系统流量和关键问题

生产商选择原材料精心制作好产品后，通常直接将其存放在它们生产物品的工作室的小隔间或货架上。原材料可以是新的，也可以是从其他产品（通常是制成品）中回收的材料。此外，生产者可以自行打造包装或使用标准包装。通常情况下，它们自行打造包装，这样就可以将最终产品与包装完整地存放在一起，以避免对产品造成损害。在某些情况下，生产商可能需要对产品或产品的某个部件进行进一步加工，如此一来就会向其他公司购买加工服务。即使有外部电商平台的支持，生产者也经常亲力亲为地进行产品推广，这种推广包括品牌身份识别、社交媒体策略和网站更新。当客户通过电商平台订购产品时，生产商会根据快递公司的标准准备发货。最后，产品在运输过程中被定位跟踪，直到配送到消费者手中。

与当前系统相关的主要问题如下（见图12）：

（1）生产商自行选择和购买原材料的阶段，既昂贵又费时。

（2）生产商所做的个人推广往往不那么奏效，因为它们的主要活动是制作、生产，而包揽一切无助于它们在主要活动中达到专业水平。

（3）运输阶段与之前的步骤和参与者完全脱节。对于那些收到双重包装的用户来说也是显而易见的，他们明显会感到包装缺乏故事性。

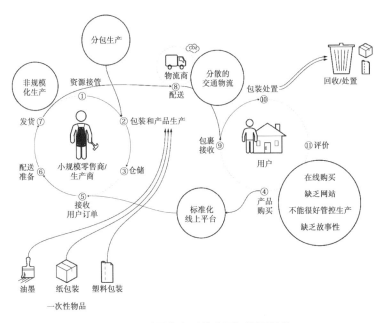

图 12   小型零售商系统主要问题可视化

3.4.2　新场景和可能性

对于这些希望通过在线市场扩大其零售业绩的生产商，新的系统场景主要在两个层面上起作用：一是支持不同本地参与者之间的合作，以实现多方共赢；二是设计专门的、提供高级服务的电商平台。

第一个行动是帮助当地工匠建立新的合作方式，建议利用生产废弃物作为杠杆点。在地方层面，工匠们可以交换他们的废弃物来生产复杂精致的产品和包装。这种方法促进的新合作网络加强了每个工匠的业务，因为他们更像是以一个团队而不是一个人来开展工作。此外，他们可以花更少的钱获得高质量的材料。

第二个行动是建立一个新的、系统性的电商平台，专门为工匠们提供诸如在线销售和业务推广等定制服务。电商平台应该有一个强大的品牌标识，以帮助识别生产者、建立社区。可以提供的主要服务有：

（1）社群联络：促进生产者和用户、生产者和生产者之间的直接联络（例如，废物或原材料的交换）。

（2）产品展示：通过高质量的图片宣传产品，帮助用户了解所有产品细节。

（3）网上店铺：帮助管理订单。

（4）故事讲述：帮助生产者讲述产品故事、传达产品品质。

有许多可以增强故事性和建立身份认同的策略。例如，电商平台可以设计海报和纸质宣传材料供生产者下载，使用户了解生产者之间的合作，并帮助生产者讲述产品故事。

这个新系统首先对小型生产者废弃物的再利用，为所有参与者提供更多价值。其次，它也成为当地社区价值增值的一个系统，我们可以称之为社交市场（social marketplace）。它将社区机制和在线业务结合起来，销售过程中充满了内容和故事，这些内容和故事进一步被社交媒体整合。社交性有助于用户保持信息更新，与其他参与者进行交互和联络（见图 13）。

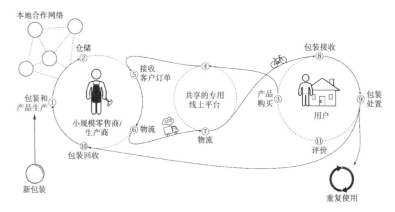

图13 小型零售商系统向更可持续场景发展的系统演变

案例研究：Living Packets

电商名称：LivingPackets

电商网站：https://www.livingpackets.com/

年份：2018

国家：法国

第二章介绍了 The Box 的案例（见第 2.2.3 节），这是一种可重复使用多达 1 000 次的下一代智能包装。这种包装的主要好处是实时监测环境（温度、湿度、冲击、位置），最大限度地保护产品并提供广泛服务。电商中采用智能包装意味着什么？系统是如何变化的？从系统的角度来看，这种包装解决方案开辟的可能策略是令人兴奋的。谈及智能技术，我们倾向于认为它们与亚马逊或阿里巴巴等大型电商有关，这些平台可以投资高科技和基础设施。LivingPackets 开发的系统处于起步阶段，但它旨在证明相反的观点，因为它是为小型网络店铺和在网上销售的个人用户设计的。

智能包装，例如 The Box，整合了区块链技术和先进的传感器，以确保所有电商交易的安全性，从而使用户能够在全球范围内完全监控其货运的每一环节，且不泄露个人信息。LivingPackets 开发的 The Box，对于小规模网店来说，包装的投资是一次性的，每个包装盒可以用不同的方式折叠以最佳形状包裹产品，而传感器可以通过防止运输事故来提高交付成功率。一旦收到包裹，用户可以仅通过按下一个按钮将其压实，并将包装退回以重复使用。

或者，用户可以在自己的快递中重复使用 The Box，直接与快递公司预约发货，节省包装成本。此外，通过专门的网络平台，用户可以享受免费的包裹监控服务。LivingPackets 的理念是防止包裹滞留仓库，确保包装尽可能地被重复使用，惠及个人用户和网络零售商。

从环境的角度来看，用可重复使用多达 2 000 次的智能包装取代一次性包装，显著地节约了包装材料。此外，它还简化了包装退回过程，优化了空箱运输。同时 LivingPackets 也具有社会贡献，因为个人用户和小型网络零售商通常使用未优化的标准包装，而 LivingPackets 所提出的解决方案为物流投资能力较低的用户带来了一个高科技管理和监测运输的新系统。如此一来，智能包装的好处可以惠及每个人，并自下而上地改变整个系统。

案例研究：Everytable

电商名称：Everytable

电商网站：https：//www.everytable.com/

年份：2014

国家：美国

除了大型电商平台以及服装和电子等核心电商领域外，其他领域也在开发在线销售，食品行业就是其中之一。在共享经济时代，实体餐厅与在线服务结合呈现日益增长的趋势。从 GrubHub（美国食品配送公司）到 Uber Eats（优步的送餐应用），许多平台为消费者提供了价格合理的在线点餐并送餐到家的服务。然而，这些平台背后的系统是基于价格、24 小时服务和交货速度来竞争市场，很少有系统会开辟对食品进行反思的途径，以提供创新和可持续的愿景。

相反，Everytable 试图改变整个食品系统，提出了一种新的全渠道方法，并在社区以及网络上采取行动。正如其网站上所说，它的使命是"让所有人都能负担得起并获得营养丰富的新鲜食物"。它首先在洛杉矶这一极具挑战性的城市开始践行这一使命，那里快餐店遍布全城，推崇低成本垃圾食品，这对环境和人们的健康造成了严重损害。当然，这一问题主要影响到的是最贫困的人，因为他们最看重餐食价格。Everytable 主要针对这个群体，提升他们对自身饮食以及饮食对生活会产生何种影响的认识。为了实现这一目标，Everytable 的商业模式极大地降低了标准餐厅营业模式的成本。它为餐厅设计了高效的食物准备和配送流程，所以价格合理。当地的厨师将新鲜的食材制成健康的餐点，这些餐点在网店和带走即食的门店里都有出售。Everytable 的店铺主要位于所谓的"食物沙漠"，即服务不足或根本无法获得健康食物的社区。它在富人区也有门店，每顿饭的价格是根据社区的情况而定的。

门店的主要作用是与电商结合，电商平台提供关于膳食和配料的详细信息，以及订餐渠道，用户可以选择在门店取餐或享受送货上门服务。此外，专为企业和办公人员设计的在线订阅服务，也是一种获得经济且健康的食品的有效手段。

如果社会可持续性被视为 Everytable 的核心使命，那么其对环境影响较小的本地就餐选择、对更可持续的供应链的重视，以及在包装和配送层面所采取的措施则体现了其商业模式的环境效益。

第四章
电商可持续发展的下一步举措

前面的章节揭示了设计在促进电商向新场景转变的过程中面临的主要挑战，设计驱动的创新场景能够在考虑全球电商系统的同时让用户和本地系统参与进来。然而，这些场景的可持续性仍然是一个需要解决的重大挑战。系统的双重性质（全球性与本地性）以及卖家与消费者之间的模糊关系（直接但非个人）表征了电商日益变化和进步的现实。在此过程中，需要特别注意用户的意识提升和赋能，而一个全面系统性的方法对于应对系统复杂性至关重要。

电商中消费模式的演变也引发了传统消费趋势的重大转变，这种变化要求新的生产和配送模式、新的沟通方式和新的包装概念，也需要新的产品和服务。系统设计在该领域的创新可以发挥重要作用，特别是在管理不同层次的变革以及思考影响现实与虚拟间相互关系的多维度变量方面。

最后一章概述了电商的未来趋势，以及为真正实现电商系统的可持续发展所要采取的下一步措施。

4.1　全渠道系统中的可持续性

大约 20 年前，科学界开始意识到电商的革命性潜力并将其概念化。甚至在移动电商（mobile commerce）蓬勃发展之前，研究人员就已经关注到时间和地点交叠的未来，以及其与现有市场相比所能带来的颠覆性变革。在千禧年之初，这种现象被称为"泛电商"（U-commerce, Ubiquitous commerce，或泛在化电子商务），即一种无处不在的商务，沃森（Watson）等人（2002）将其定义为"利用无处不在的网络来支持公司与其利益相关者之间个性化和不间断的交流和交易，以提供超越传统商务的价值水平"。他们运用市场营销的方法来预测电商可能的发展，强调企业将从地理驱动过渡到网络驱动，其中在信息与通信技术的加持下，供应—配送链的所有参与方（从生产商到用户之间）将建立起新的强大的关系网络。毫无疑问，电子商务——或称"U-商务"——的关键突破性影响之一是将市场开放到全球范围，使得人们可以潜在地进行全球性的商业和人际交易，并享受独特且定制化的互动方式。虽然说无处不在的商业仍然适用，特别是考虑到任何时间、任何地点都可实现的消费趋势，但最近在线市场的变化给我们带来了新的挑战。正如麦奎根（McGuigan）和曼泽罗勒（Manzerolle）（2015）所强调的，"虽然数字流无界，但创意和手段并不是无界的，它要求这一空间里的主体符合当地产销相关的地方法律和文化标准"。这是最需要牢记的注意事项之一：电子商务具有双重性，即其线上交易虽然依托全球数字市场，但符合地方尺度上的物流要求和尊重当地文化也是至关重要的。最后一公里配送不仅影响到物流，还深刻地影响到更广泛的城市社区，因为人们将越来越多地参与城市物流的共同管理。无论这是共享经济中典型的"优步化"（uberisation）现象，还是新型的实物互联网的表征，用户不仅会收到一个包装，还会进一步决定它的功能、沟通方式、寿命终结以及其他的用途。

　　这一点得到了证实，因为亚马逊等行业巨头在新的物流模式中能够整合整个供应链和配送链（Dans，2019）。大型网络零售商正在努力建立自己的物流基础设施并使其流程自动化，尤其致力于创建最后一公里配送创新系统，其中微型公司和服务提供商在本地层面发挥作用，使交付更快、更有效、更可持续。用户在最近的微型快递枢纽领取包裹，这些微型中心构成一张广泛覆盖城市的配送点网络，位于商店或住宅楼中的街道快递中心随处可见。为此，商店和网店的物流整合将是至关重要的，用户可以实现线上和线下的混合购物，从而促进全渠道战略的实施。人们会根据产品类别在网上浏览，然后在线下店铺比较产品，最终也许会回到家里完成购买。这种情况已经发生，有的是通过官方多渠道服务实现的，即线下商店成为展厅，顾客—顾问关系被重新体现，而交易则通过数字媒介进行。很难预测这种新的配送系统将怎么发展，微型中心将仅仅是取货点抑或是一个创新的会面厅？这个问题的答案受到新参与者的影响，他们将影响未来的物流情景。其中，最后一公里的快递员是出现在城市中的新兴群体。可持续的零排放系统，如货运自行车，正逐渐在配送服务中涌现并扎根，它们有望成为在不同的微型中心之间运输货物的有效方式。我们尚需更多的努力，将重点放在资源的集中和部署上来集成这些本地服务。

因此，解决方案和系统的整合是电商发展（变革）的密钥，它将供应和配送、现实和虚拟、全球和本地结合起来。这些是电商可持续发展的先决条件，此外，还有许多未决问题需要公共部门和私人部门共同关注。我们需要在文化、技术和监管方面做出努力，找到对环境、企业和工人有益的可持续商业模式。货运前导理事会（The Freight Leaders Council）在 2017 年分析了电商的不同方面，以理解在线购物如何改变我们的习惯，并展望在未来如何运输货物。这一研究确定了在中短期内需要解决的几个要点，以促进实施实物互联网的路线图。我们需要一个全方位的电商视角，来应对可持续发展的三个层面。

　　（1）经济可持续：完成在线付款后，一个包裹由几个能增加产品附加值的步骤组成。要告知用户物流成本，让他们意识到没有免费配送，因为公共和私人运输都有很多成本且要保证一定的利润。与此同时，要通过财政和反垄断程序来确保在货物销售国纳税以及在全球电商市场中公平竞争。

　　（2）社会可持续：电商在劳动力市场上承担着重要的社会性角色，无论是在劳工权益还是在工作质量方面。对按时发放工资的公司进行认证是保证员工权益的必要条件。此外，对于符合质量标准的公司，包括车辆和服务的可持续性以及财政、行政和纳税合规性，应确立奖励方法。最后，最后一公里配送的增加影响了市民安全，因此，物流跟踪和装运优化不仅在功能和成本方面改善了物流，还提高了城市中心的安全性。

　　（3）环境可持续：电商对环境的影响是巨大的，它们往往也会削弱配送的操作性和功能性。商家需要在多个层面采取行动，从可持续交通的城市规划（必须包括在线商务的发展），到更新最后一公里车辆（电车或货运自行车）的激励措施，以及采用可持续的配送方案和包装解决方案。任何用户离快递柜或提货点的距离都不应超过 500 米，这样可以优化派送工作，减少车辆数量。

在前几章中提出的设计策略反映了这种可持续性方法，这种方法尽量平衡可持续的这三个维度。无论是包装设计还是新的电商解决方案的系统设计，都必须同时考虑社会、环境和经济因素。设计师在创造新的方式平衡电商可持续性的不同维度中起着关键作用。正如我们所看到的，消费场景将进入一个现实和虚拟交织的新维度，二者的协同作用对促进电商系统真正实现可持续愿景至关重要。设计师必须采取一些重要的步骤以系统的方式创新当前的场景。

（1）为潜在的参与者设计：以人为本的设计概念在过去几十年带来了深刻变革，基于这个概念，设计从定义形式发展到赋予对象和体验以意义（Margolin, 1997; Boztepe, 2007）。所有的以人为本的设计方法都旨在获得并应用关于用户及其与环境互动的知识，以便设计出满足用户实际需求和期望的产品和服务（van der Bijl-Brouwer & Dorst, 2017）。用户研究与设计实践相结合，能够探索用户在使用产品或服务时的身体状态、认知和情感，从而在特定的环境及文化背景下设计出有效的用户体验。这种设计能力支撑了近年来许多新经济共享服务的成功。理解用户的实际需求使设计师能够应对当下和未来的新挑战。在电子商务中，以用户为中心的方法在服务设计中得到了广泛的应用，它也是帮助我们重新思考当前物流系统的一个关键要素。在这种情况下，我们所面临的挑战是从以用户为中心转向以用户群体为中心。在线平台将大量异质性参与者集中到网络上，但只考虑收到包裹的终端用户是一种简化主义的做法。实际上包装、服务和系统的设计必须考虑到所有相关用户群体，包括在电商系统中发挥各种功能和承担情感作用的人，从电商员工到最后一公里的快递员，直至终端用户。

（2）针对不同的时间范围设计：向可持续电商转变是一个快速但渐进的过程。许多颠覆性技术正在使系统某些层级的创新更加直接，例如包装（见第二章），但由于电商系统的复杂性和广泛性，系统级变革需要时间。因此，设计师的任务是在不同时间尺度上为电商设计解决方案，提出短期内的改进措施以及长期的颠覆性的创新解决方案。然而，这两个时间尺度必须是协同的，短期的解决方案不能损害未来的创新，例如，设计易于回收的包装解决方案是合适的，但这不应阻碍未来采用智能可重复使用的包装系统。在像电商这样一个动态的快速变化的系统中，对该系统未来演变的预测是至关重要的。

（3）为"土壤培育"而设计：变革不仅仅是技术和物流的改变。任何系统性的变革都是建立在彻底的文化转变的基础上，这种文化转变能够使技术创新得到接纳。设计被要求与用户进行对话从而在认知和情感层面引发行动，以促进电商向可持续方向转变。近几年，人们对环境可持续的集体性关注日益强烈，但是对环境问题的普遍关注并不足以确保该行业的可持续发展。未来，用户将在购物系统中扮演越来越积极的角色，他们当下的选择可以推动公共和私人利益相关者加速行动，包括配送方式、在线服务类型等。设计师不仅要关注产品或服务的功能，也要关注产品或服务的沟通，如今电商的沟通策略也应该包括环境层面，使配送链上的所有用户意识到自身的角色和选择的重要性。

4.2　电子商务中包装的演变

　　精致的包装和强大的通信媒介，使得送上门的包裹成了我们的日常。因此，这些包裹是电商行业的关键，我们试图从多角度对其进行探讨。在第二章，我们提出了设计师设计旨在平衡经济、社会和环境可持续的电商包装时必须考虑的六个主要趋势。电商对包装设计提出了极大的功能性和沟通性挑战，因为电商是快速发展的领域，需要在复杂的配送链中运输产品。传统零售业有五到七个接触点，而在电商中可以有多达 20 个接触点。对产品或其包装的大部分损害发生在最后一公里配送阶段，而最后一公里配送在未来将进一步复杂化，至少表面上是这样的，因为最后一公里物流模式将被混用，从点击提货到店内购买和送货上门。这意味着供应链后端将彻底改变，从而将有可能建立一个统一的物流基础设施（Hattersley, 2019）。

　　虽然今天的电商包装相对独立，但目前整个包装界正在经历一场影响深远的变革，新的数字技术的普及也在深刻地影响着传统零售业。根据史密瑟斯皮拉（Smithers Pira)[①] 在 2018 年的报告

————————————

[①] 史密瑟斯皮拉成立于 1930 年，最初为英国政府支持的研究机构，名为"纸张业研究协会"（PIRA, Paper Industry Research Association)，其宗旨是为纸张和印刷行业提供技术支持和研究服务，旨在推动行业技术进步和标准制定。随着业务的扩展，2006 年 PIRA 被美国的 Smithers 集团收购，更名为 Smithers Pira，该公司提供纸张、包装和印刷行业的市场研究、材料测试、产品认证、技术咨询以及培训和教育。

《2022年全球包装的未来》，全球包装市场越来越重视从源头上减少包装废弃物的设计策略，而从沟通传播的角度来看，人们不断寻求通过包装实现产品的"高端化"。这一预测报告中观察到传统包装和电商包装间强烈的需求趋同。事实上，如果购物体验正朝着全渠道的方向发展，那么包装本身也必须经过全渠道设计（Amcor，2019）。最后一公里的物流模式正在导向一个能够管理所有不同配送渠道的基础设施。到目前为止，许多公司为其电商销售渠道创建特定的包装，未来将导向一个统一的"包装—产品系统"的全渠道包装模式，这意味着它将在实体店货架上、网上和整个供应链上提供同样的性能。基于此，我们可以确定包装设计的未来挑战，这些挑战不仅会影响到电商，还会影响到整个包装界：

（1）关注包装废弃物：包装废弃物是一个全球性、多部门的问题，公民和公共部门对其关注度很高，包装制造商亟须为这一问题提供解决方案。开发可再生天然材料和生物可降解材料是最受追捧的方案之一，因为它们有可能在几个月内被分解完，从而减少环境影响。回收技术也取得了巨大进展，塑料和脱墨纸等材料具有良好的回收潜力，使商家可以用次生原材料（secondary raw materials）生产新包装。尽管技术显著进步，但需要强调的是，报废管理需要更广泛的方法：加强回收固然重要，但在未来，必须采用全系统的综合解决方案以在上游阶段就防止废弃物产生。就这一点而言，包装重复使用与新技术应用相结合是一个具有巨大潜力的解决方案。尽管可重复使用包装仍处于起步阶段，但它是一种可以同时提供环境和战略效益的可持续举措。事实上，它不仅减少了包装废弃物的产生，而且基于可高度定制的耐久性包装，与不同的技术相结合，使商家得以维护、监测和退回包裹。

（2）提升包装智能：包装智能化不仅可以更好地保存和保护产品，而且提升了与用户互动的可能性，提供关于运输和使用的重要数据。一方面，它能优化整个物流供应链，追踪每个包装的动态和动向；另一方面，它提供了与用户使用习惯相关的信息，这些信息不仅可以用于个性化促销，还可以增强用户意识。电商如何促进智能包装的采用仍然是一个开放的问题，但是，在这方面，未来的动力之一可能是用户的参与。与用户分享这些技术的好处是至关重要的，这可以帮助验证他们所购买的产品。智能包装能够使产品在良好状态下送达用户手中，保持最佳的储存条件，如湿度和温度，以及内置的防伪装置能确保产品是非伪造的。无论如何，向用户提供有关产品及其包装的最佳信息是促进智能技术传播的好方法。数据是包装发展的核心，特别是在电商领域，将虚拟平台产生的数据与物流平台和智能包装产生的数据相结合，有助于提供对整个系统的全面了解。

（3）促进真实性和透明度：价值驱动型电商快速发展，用户希望和品牌建立信任关系，这种信任不仅基于产品质量，而且基于伦理和环境价值。值得注意的是，在电子商务领域，传统零售中所谓的"冲动性商品"（impulse products）① 并不那么奏效，虽然网购的特点是即时性，但用户的购买决策也是经过仔细评估的。从包装

---

① 冲动型商品是指消费者在购物时没有预先计划或准备，而是在看到这些商品时一时冲动而购买的商品。通常，这些商品的价格较低，消费者不需要进行太多思考和权衡，例如巧克力、零食、口香糖和糖果等。零售商通常把这些商品放在显眼位置，如超市、加油站和其他零售店的收银台、入口处、促销区等人流量大的区域。

设计的角度来看，应该创建基于"知其所需"（Need to Know）的沟通策略，在信息不足和信息过多之间找到恰当的平衡，透明的沟通能让用户做出明智和可信赖的购买决策。如果我们考虑像食品这样的关键供应链，那么有关产品来源和生产信息的信息共享就显得至关重要了。同时，包装和沟通也可以在数字技术的支持下积极地促进健康平衡的生活方式。

（4）自适应包装：未来的包装必然是灵活的，并将被集成到系统中，或者更确切地说，集成到多个系统中。市场的灵活性和用户的多样性要求包装能够满足不同语境需求。如前所述，全渠道包装设计意味着创造创新性解决方案，这些解决方案在功能和视觉上既能适应传统商业，也能适应虚拟贸易。数字印刷和自适应包装技术的传播将促进包装个性化，这不仅将推动有效的促销活动，还有利于在品牌和用户之间建立更直接和个性化的关系。事实上，全球市场不会抹去不同社会文化背景下的本地特色，相反，定制化包装的灵活性将满足品牌所针对的特定群体的需求。

4.3 电子商务中系统的演变

通常，我们用"设计电子商务"这个表述来指代设计网络平台这一任务，通过这个平台，零售商和用户将以数字化的方式会面并进行产品或服务的买卖。设计网络平台无疑是电商的一个重要部分，但把设计归结为软件界面上操作按钮的颜色和尺寸的设计是对设计的简化和降级。设计是一种行为，通过这种行为，我们把几个目标与我们认为最适合实现拟议目标的行动联系起来。电子商务系统是由许多行为者组成的，他们执行着若干行动和操作，这些行动和操作可能是数字化的（即通过在线界面）或物理性的（在物流链和配送链中）。理解和预测这一行动链条以创造更有效和更可持续的电商系统是一个复杂的设计挑战。因此，"设计电子商务系统"意味着理解"物理-数字"系统，设计产品、服务、流程和政策之间的相互依存关系，同时考虑它们的经济、社会和环境影响。

在第三章中，我们广泛地讨论了系统设计，以及这种面向系统的设计方法如何凭借其在复杂系统中管理复杂问题的能力，在电商找到一席之地。系统设计包括当代以人为本的设计视角，但在系统理论的影响下，它超越了个体，着眼于社会群体（Boiano, 2017）。多元利益相关者系统是系统方法的核心，因为多方参与者的互动创造了复杂的社会系统，这一系统由相互交织和相互依存的子系统组成。在这种情况下，设计师必须应对开放而复杂的问题——"抗解问题"（Rittel & Webber, 1973）。这些抗解问题无法以唯一、客观和明确的方式解决，因为我们无法在不同元素间复杂的相互作用下识别确定性的因果关系。事实上，一个复杂的问题不可能通过管理所有涉及的变量来解决，而必须从全局来考虑设计基于系统的解决方案。

电商的可持续发展无论从哪个角度来看都是一个抗解问题，因为它要求多个利益相关者的参与，涉及从数字世界到现实世界的复杂行动链。从下单到拣选和包装，到运输，再到最后一公里配送，电子商务流程涉及生产、销售、备货、运输和提货等多个环节的参与者。在这些环节中，多元社会群体在不同文化背景下直接或间接地互动。真实系统的复杂性与虚拟系统的复杂性交织在一起，在虚拟系统中，不同行动者的行为轨迹产生了大量数据，这些数据揭示了个人和文化习惯、隐匿的互动模式和尚未发掘的潜力。

如果说应对当代电子商务系统是一个重大挑战，那么设计它的未来就更加困难了，因为未来的发展趋势可能会重新洗牌，引入新的角色，改变当前的行动链条。

（1）用户参与和人工智能：在传统商店中，销售人员的角色一直是保证客户愉悦购物体验的基础，因为销售人员可以与顾客面对面地互动，根据所面对的潜在客户的兴趣、口味和偏好提出建议、推荐产品。而电商市场缺乏这种直接的互动，用户可能会迷失在广泛的商家目录中，无法迅速找到真正满足他们需求和品位的东西。良好的可用性界面和搜索过滤器有助于浏览商品目录，但电商正在经历一个日益个性化的过程，旨在满足每个用户的特定需求。我们将电商个性化定义为一套动态地向用户展示独特和定制化购物体验的策略。电商通过分析个人在线数据（包括人口统计信息、浏览行为、购买历史等）来了解每个用户的购买路径，并通过提供适当的建议以及推送最符合其需求的产品来促进用户购买。社交购物的趋势，即通过社交媒体平台购买商品，与个性化策略密切相关（Beeketing，2019）。它的优势在于能够即时查看其他用户（尤其是来自自身社群网络的用户）的评价，从而将日常社交平台与购物可能性结合起来。社交购物的基础是用户对内容的兴趣，而不仅仅局限于对产品的兴趣。虽然在线体验具有非个人化的特点，但它允许用户与他们所在的社群网络分享购物经历，并使品牌能够提供超越其自身产品目录的内容。未来的电商将涉及品牌和用户之间越来越多的内容分享，以及在社会群体内实现更广泛的互动。购物将不再限于商业层面的交易，而是更多地包括信息、新闻、见解和个人体验的分享和交换。这种通过社交媒体和电子商务的结合产生的互动可以促进和分享关于环境可持续性的社会意识。另一个与用户参与有关的趋势是系统自动化。只靠物理运算符是不可能提高每一次购物体验的个性化程度的，越来越多的在线购物者要求在物流和其他方面提高电商系统的自动化程度。正如我们所见，实物互联网和其他可持续场景基于一个互联①且被监控的现实②，从城市移动性（urban mobility)③ 开始优化操作，旨在降低能源浪费和环境影响。但自动化过程和机器人在电商中的使用将不限于物流，许多商家和平台已经开始使用聊天机器人来提升客户的购物体验。人工智能（AI）将帮助管理一系列通常是分配给人类的任务，如库存管理、处理信息请求或应对客户投诉。未来的研究将引导人工智能助手和聊天机器人从与用户的对话中学习、进化，从而更好地为每个用户提供个性化的电商体验。尽管人工智能助手在未来扮演着重要角色，但它并不是要取代人类，而是要帮助人类腾出时间来投入实际上更需要人工应对的电商业务管理的其他方面。

---

① 互联现实（interconnected reality, IR）是指通过互联现实技术，人们所拥有的数字设备可以与他们周围的真实空间相互影响。IR 的提出者 teamLab，在其官网上是这样介绍的：运用传统的增强现实技术，使人们能够看到数字设备的显示屏中的现实世界所发生的变化，而通过 IR 技术的应用，人们将能够使用他们的设备来影响眼前的现实世界。

② 被监控的现实（monitored reality）是指个人的行为、活动、位置通过各种技术手段持续被监视和记录。从电商角度来看，电商平台收集用户购买行为、网上浏览记录、社交互动等数据用来分析市场趋势、挖掘用户偏好以及预测个人行为，并进一步优化推荐内容和广告，给用户提供个性化促销和优惠。

③ 城市移动性指的是城市中人们和货物在空间内移动的方式及其所具有的流动性。这个术语通常用来描述城市中的交通和运输系统，包括公共交通、私人交通工具（如汽车、自行车）以及步行等方式。

（2）交互式产品可视化（interactive product visualisation）和全渠道模式：虽然价格、广泛的选择、即时性以及节省时间等几个因素决定了电商的成功，但人们在最终下单时仍常常犹豫不决，怀疑该产品是不是他们真正需要的，以及质量是否符合预期。关键在于，人们需要与商品进行物理互动，仅仅依赖其他用户或影响者的在线评价是不够的，因为人们希望亲眼看到产品，把它拿在手里，并在购买前消除所有疑虑。出于这个原因，未来有两个关键趋势：第一个是技术趋势，即通过使用虚拟现实、3D 成像和增强现实等技术来增强用户与产品的数字互动。交互式产品可视化技术试图将有形的店内体验带给在线用户，为他们提供实际购物需要的所有信息。第二个趋势是之前的章节中已经广泛讨论过的全渠道体验。尽管许多大商店正面临破产，但通过适应新的现实环境，零售体验在未来仍将占据重要地位。事实上，没有任何技术可以真正取代店内体验，因此品牌和平台正致力于搭建引人入胜的零售体验，以实现与产品及销售助理的实际互动，旨在与客户建立长期关系。例如，亚马逊在美国各地推出"4 星"店，人们可以在店里与亚马逊电子设备互动（这些产品在亚马逊商城上都要达到 4 星及以上的评价分数，且由亚马逊自营），经验丰富的零售店员负责提供产品咨询和推荐。在未来，越来越多的线上线下融合店①将涌现，这意味着零售商将通过使用数字媒体，以更少的仓储面积提供更个性化的互动。实体和数字领域间的界限将越来越模糊，人们可以在网上搜索产品然后在店内购买，或者在网上购买产品后在店内取货，选择适

---

① 线上线下融合店（"brick and click" stores）是商家用来经营在线商店和实体零售店的一种商业模式，换句话说，零售商为客户提供线上和线下购物渠道。

合自己的线上线下融合购物之旅。从环境的角度来看，销售渠道的综合管理将优化仓库和运输流程，减少送货上门服务，转而采用城市微型枢纽网络中的提货点，从而可以减少电商对城市的影响。

（3）跨境购物（cross-border shopping）：电商的发展中心正在从西方世界向东方转移。尽管美国一直是全球电商历史上最重要的国家，但据 Statista① 在 2016 年的预测，美国在全球总市场的份额预计将在 2020 年下降到 16.9%（Statista, 2016）。这一转变背后的主要因素之一是东部地区的技术和基础设施的发展。电商市场的这种变化造成两方面影响：一方面，企业面临着一个开放的国际市场，这需要能够支撑这种转型的物流系统，最重要的是以一种更可持续的方式支持。另一方面，东方市场具有与西方社会截然不同的社会文化需求，这要求企业以一种新的方法来应对，仅仅把自己的产品卖到国外是不够的，企业还需要了解这些新用户的实际需求。这反过来也影响到用户，随着企业在国外的销售越来越多，用户也越来越多地寻找本国以外的线上产品。尼尔森公司于 2016 年的数据显示，57% 的线上购物者表示他们在过去 6 个月内曾网购过外国零售商的商品。跨境购物，加上开放的网络市场，给我们带来了巨大的物流挑战，同时也要求我们确保电商所带来的环境和社会影响是可持续的。

（4）DTC 和 B2B：DTC 是指生产商直接向终端用户销售，而不通过零售商、分销商或批发商。DTC 模式有几个好处：首先，品牌可以收集用户数据，以更好地了解他们的消费行为；其次，品

---

① Statista 是一家德国的在线数据集成平台，成立于 2007 年，提供统计数据、市场研究和商业情报，帮助企业、学术机构和政府部门进行数据驱动的决策。

牌对产品和与用户的沟通策略有更多的控制权；最后，因为没有中间商，所以 DTC 模式下的利润率更高。因此，DTC 有望在数字化和物流方面进一步发展并建立生产者和用户之间的新关系，同时创建平行配送链，避开中介市场。

电商系统的另一个重要趋势是 B2B，即从一个公司到另一个公司的在线产品销售。根据预测，B2B 市场将反超在线 B2C 市场。对于电商卖家来说，这意味着要改进和简化采购流程，创建一个与 B2C 截然不同的数字和物流系统。B2B 的购物体验要比 B2C 复杂得多，因为 B2B 客户在进行购买决策前，通常要经过包括与销售代表互动、谈判和批准等多个阶段。此外，B2B 中的订单也是大批量的，需要高效的运输系统支持。总之，B2B 电商业务要融入无缝交易流程，为 B2B 市场提供先进的报价管理、价格谈判、订单便利性和库存管理功能。同样，系统性的挑战是巨大的，因为 B2B 带来了新的影响经济、社会和环境可持续性的因素。

4.4　结语

我们探索了设计师在不断变化的电商世界中可能发挥的作用，概述了当前的趋势并展望了未来的趋势。由此得出的结论是，不同系统级别的挑战必须在各自的维度中设法解决，同时也不能忽视整个全局系统。

首先，设计师必须面对一个数字和物理深度结合的现实，全渠道模式的产生不仅会影响我们的购买，还会影响我们的交互模式和创造关系的方式。如果说虚拟世界是没有潜在限制的，那么它的物理世界正在经历一场缓慢的转型，因为我们需要解决从基础设施到运输方式、服务、产品、用户角色等物理障碍。传统上，设计学科已经具备了为人类工作并考虑其文化背景和实际需求的能力，通过产品、服务或系统来响应这些需求。在其他领域，设计师更关注线上用户而不是线下用户，但在电子商务中，设计师需要为增强现实（见第 1.2 节）设计，其中人们的真实和虚拟的需求和行为是不可分割的。

其次，设计师必须为一个全球性和本地化深度交织的世界进行设计。在某种程度上，这种双重地理规划已经细分了我们的市场，但电子商务进一步强调了要双管齐下使这两个不同空间维度相一致。虽然根据社会群体的文化属性进行设计至关重要，但我们还需要考虑电商的跨境体验，因为它有能力以数字和物理方式连接不同的文化。因此，设计师需要设计越来越灵活的产品和系统，以满足根植于自身本地化环境却高度互联的世界的新需求。

最后，设计应该带着系统性的眼光自下而上地应对复杂性问题。源自传统采销系统但通过在线销售运送到用户手里的产品和包装，对电商系统的功能性和可持续性构成极大限制。我们迫切需要新的产品和包装解决方案来实现向新的物流网络的过渡，以满足我们所生活的世界的未来需求。全渠道产品必须应对这一物流挑战，将实体店和数字平台结合在一起，以优化供应链并将其环境、社会影响降到最低。

在前几章中提出的可能性场景，都与这一相对较新且不断变化的行业发展的可预测性有关。现有利益相关者之间的关系正在经历重大变革：从大型零售商手中物流系统的集中化，到零工经济和共享经济带来的新参与者的崛起。同样，今天我们很难理解社会互动领域将如何影响电子商务系统，社交商务正在改变商品销售的方式，同时最后一公里物流系统也将带来货物运输方式的重要变革，从而可能对社会关系产生或好或坏的影响，特别是在城市层面。

尽管我们的预测具有不确定性，但设计为塑造电子商务系统提供了显而易见的机会，电商的产品、信息、通信和服务提供方面有了根本性的改善。电子商务是一个抗解问题，不能用唯一和明确的解决方案来解决，它需要系统思维和设计思维来管理其复杂性并设计创新的解决方案。对于设计师，是时候对这一具有挑战性的话题进行设计思考，引导该领域向环境、社会、经济等更可持续的场景过渡了。

致　谢

　　我们向所有为本书内容呈现及撰写做出贡献的人表示衷心的感谢。

　　首先，我们特别感谢意大利国家纸质包装回收与再循环联合会的艾莉亚娜·法罗托（Eliana Farotto）和费德里卡·布鲁门（Federica Brumen），他们给我们的研究给予了宝贵的支持并积极参与其中。

　　我们诚挚感谢珍妮·达尔泽恩塔斯（Jenny Darzentas）教授和西尔万·阿拉德（Sylvain Allard）教授，他们仔细审阅了本书并给出了宝贵且有见地的改进建议。

　　我们衷心感谢都灵理工大学的保罗·坦博里尼（Paolo Tamborrini）教授以及我们 OEP[①] 的同事，多年来我们一起在包装和系统设计领域展开研究。

　　我们还由衷感谢都灵理工大学系统设计方向的硕士研究生以及

[①] OEP 是意大利一个致力于可持续包装的组织，全称为 Osservatorio Eco-Pack，英文名为 Eco-Pack Observatory。它成立于 2005 年，核心成员是来自不同专长领域、积极开展跨学科合作的设计师，该组织将理论研究、教学和公司相结合，以包装设计为杠杆促进可持续的方法、提供设计咨询、和当地企业合作设计创新包装。

视觉传达设计专业的本科生，他们在电子商务挑战方面的创造性想法极大地丰富了我们的工作。

最后，我们要向 Franco Angeli ①的设计国际系列（Design International Series，是 Franco Angeli 旗下专门面向设计领域的一个重要出版项目）的科学委员会表示真诚的感激，感谢他们对本书的信任并给予出版机会。

_____

① 意大利一个著名学术出版公司。

术语表

人工智能（Artificial Intelligence, AI）：在计算机科学中，该术语指的是机器所展示出的智能，这个表达通常用来描述机器或计算机模拟人类智能特征，比如学习或解决问题的能力。

企业对企业（Business To Business，B2B）：在电子商务领域，从企业端到企业端的在线销售模式。

循环经济（circular economy）：根据艾伦·麦克阿瑟基金会（Ellen MacArthur Foundation）的定义，循环经济在设计上具有恢复性和再生性。在循环经济中，有两种物质循环：一种是生物循环，能够重新融入生物圈；另一种是技术循环，在不进入生物圈的情况下重新价值化。正如发起人所设想的那样，循环经济是一个持续积极的正向发展循环，通过管理有限的存量资源和可再生的流量资源，保护和提高自然资产，优化资源产量，并最大限度地降低系统风险。它在任何规模上都能有效地发挥作用。

中国国家发改委对循环经济的定义是："循环经济是一种以资源的高效利用和循环利用为核心，以'减量化、再利用、资源化'为原则，以低消耗、低排放、高效率为基本特征，符合可持续发展理念的经济增长模式，是对'大量生产、大量消费、大量废弃'的传统增长模式的根本变革。"

消费者对消费者（Consumer To Consumer，C2C）：在电子商务领域，消费者直接通过网络平台与其他消费者交易，而无需经过传统的中间商。

企业社会责任（Corporate Social Responsibility，CSR）：企业将可持续发展纳入其商业模式的一种管理理念，考虑其业务模式和整个供应链之间的互动对社会和环境的影响。

跨境购物（cross-border shopping）：一种跨国电子商务系统，用户可以通过本地交易在全球范围内购买产品和服务。

定制化服务（customisation）：一种允许用户根据其特定需求或任务对产品或体验进行调整的方法。例如，根据他们的偏好设置布局、内容或功能。

模切嵌件（die-cut inserts）：分隔部件，通常由纸板或塑料制成，插入初级或次级包装中以在运输过程中固定产品位置。

数字时代（digital age）：也被称为信息时代，始于 20 世纪末，其特点是从传统工业（基于机械和模拟电子技术）向以信息技术为基础的经济迅速转变。在当今时代，技术广泛渗透在人类活动的几乎所有方面，使得数字交互成为人类活动本身的一个决定性特征。

直面消费者（Direct To Consumer，DTC）：生产商直接向终端用户销售产品，而不通过零售商、分销商或批发商。

代发货（drop shipping）：一种电商商业模式，其中线上商店没有其所售产品的库存，当它收到订单时，从第三方（通常是批发商或制造商）购买商品，并将商品直接运送给买方。零售商从不处理产品，没有库存。这类业务很普遍，因为它只需要较少的初始投资，并能灵活地满足客户需求。

自适应包装（fit-to-size box）：采用自动包装技术制成的包装，可以根据物品制作、密封、称重和标记每个盒子，实现无缝流程。

柔版印刷（flexographic printing）：一种使用速干、半液体油墨的印刷工艺，可以应用于多种类型的基材，特别适用于中高印刷量的包装产品和标签。

零工（gig workers）：在传统的长期工作安排之外从事赚取收入活动的独立工人，是一种基于"零工经济"（gig economy）的数字服务，雇佣自由职业者完成一项特定任务或在一段时间内完成任务（如送餐服务或网约车服务）。

交互式产品可视化（Interactive Product Visualisation）：使用虚拟现实、3D 成像和增强现实技术，提供更强的数字产品交互，旨在将线下实体店的体验带给在线用户。

最后一公里物流（last-mile logistics）：它涉及供应链的最后阶段，可以描述为人员和货物从运输枢纽到最终目的地的移动过程，目的地通常是家里、商店或快递柜。最后一公里物流的重点是尽可能以最快、最安全、最有效的方式将物品送到用户手中。

移动电商（mobile commerce）：通过智能手机和平板电脑等移动设备获取商品及服务的电子商务。

按需经济（on-demand economy）：由数字市场和科技公司所创建的经济活动，这些活动通过提供即时获取商品和服务来满足消费者的需求，这些商品和服务通常由零工提供。

全渠道体验（omnichannel experience）：零售商和用户之间发生在不同的渠道间的一种关系，这些渠道彼此有效地整合，可以随时随地进行一致且个性化的互动。

全渠道公司（omnichannel company）：多渠道销售方式，为用户提供整合和个性化的购物体验。

在线社交支持（online social support）：一种在线的社交支持形式，基于社交媒体的同伴协作。与传统的社会支持一样，在线社区可以提供工具性的、认知性的、情感性的或评价性的支持，并帮助个人应对压力，改善个人福祉。

个性化（personalisation）：通过提供符合用户需求的内容、体验或功能，有效地满足用户的需求，使交互更快、更容易，从而提高用户的满意度的一种手段。

实物互联网（Physical Internet）：也叫实体物联网，指的是一个开放的、全球性的、超链接的、可持续的物流系统，它以模块化、智能化系统和集装箱标准为基础，可以很容易地在整个运输网络中移动和运输，无论是通过卡车、飞机、无人机还是私家车。它被认为是解决传统专有物流模式中的低效率问题的颠覆性解决方案。蒙特尔在 2006 年提出了实物互联网的概念，今天，这一概念的实施是通过实物互联网倡议来推动的。

拣货（picking）：在物流中，拣货是准备订单的一种方式。它包括有秩序地从仓库中收集客户订购的物品，以便在将它们打包成包裹之前将其聚集在一起。

计划性淘汰（planned obsolescence）：人为限制产品使用寿命的计划或设计策略，通过引入频繁的设计变化来使产品变得不合时宜或过时，或者故意设计产品在已知时间段内停止正常功能来实现。

高端化（premiumisation）：一种营销和传播策略，旨在提供以前只为奢侈品市场提供的创新和增值产品。它的基础是将可负担得起的价格与奢侈品牌典型的视觉吸引力相结合。为此，包装是品牌用来"高端化"其产品的关键因素。

纯电商（pure players）：只有数字化产品或服务的网络零售商，因为它们没有实体店。

线上研究，线下购买（Research Online and Purchase Offline，ROPO）：一种日益增长的购买行为趋势，用户在网上寻找相关的产品信息，然后在实体店购买他们所选择的产品。

逆向物流（reverse logistics）：与产品退货、维修和维护相关的物流操作。这涉及在供应链中逆向运行产品以重新销售、翻新或处置它们。

次生原材料（secondary raw materials）：从回收过程中获得的材料，可以重新进入生产周期，用于制造新产品。

共享经济（sharing economy）：一种基于人们共享财物和服务的经济模式，无论是免费还是付费，它通常建立在在线服务平台之上。

智能包装（smart packaging）：具有嵌入式传感器技术的包装系统，增强了产品被动性包裹和保护之外的主动性功能。智能包装通常可以感知或测量产品的属性、包装的内部条件以及运输环境。

社交电商（social commerce）：将社交媒体与传统的电子商务交易相结合的一种模式，这样，用户就可以获得社会知识和经验，以更好地了解其在线购物目的，也可以支持卖方更好地销售产品。

社交市场（social marketplace）：买卖双方可以直接有效地相互沟

通的市场。

系统设计（systemic design）：一种创新的系统导向的设计实践，用于在复杂系统中解决复杂问题。它在规模、复杂性和整合性方面与服务或体验设计不同。系统设计整合了系统思维和设计方法，将以人为中心的设计引入复杂行业（如电子商务）中的高阶多利益相关者系统。

线下试用，线上购买（Try Offline and Purchase Online，TOPO）：一种购买行为趋势，用户在实体店试用产品（尤其是服装），然后以折扣价在网上购买。

优步化（uberisation）：一种新型商业模式，通过引入不同的购买或使用方式（尤指使用移动技术）来改变某项服务市场的行为或过程。

泛电商（ubiquitous commerce）：也叫泛在化电子商务，指的是基于信息和通信技术的网络广泛使用，以支持公司与供应链中涉及的所有利益相关者之间的个性化和全天候的通信和交易。

开箱体验（unboxing experience）：该术语定义了在交付的最后阶段，即当包裹到达用户手中、用户打开包装时，用户与包装之间所产生的审美和情感上的交互。从交互的角度来看，这是一个重要的阶段，因为包装应该尽可能地以最好的方式传达品牌价值，满足用户期待。糟糕的开箱体验会对用户未来的购买行为产生负面影响。

虚拟包装选择器（virtual pack-selector）：一种包装技术，它根据每一订单中所选购的产品的尺寸特征和功能要求，自动选择合适的装运包装。

抗解问题（wicked problem）：一种开放而复杂的问题，不能用一个唯一的、客观的、明确的方式来定义它。大多数相关的社会和环境问题可以被定义为抗解问题，因为这些问题本身是模糊的，不能通过解决问题的标准方法来分析。

参考文献

第一章

Accenture Interactive (2018). *Pulse Check 2018: Making It Personal. Why brands must move from communication to conversation for greater personalisation.* Retrieved from: https://www.accenture.com/t20161011T22 2718__w__/us-en/_acnmedia/PDF-34/Accenture-Pulse-Check-Dive-Key-Findings-Personalized-Experiences.pdf.

Auburn University Center for Supply Chain Innovation (2018). *2018 State of Retail Supply Chain.* Auburn, US: Auburn University.

Barbero, S. (2012). *Systemic Energy Networks: the theory of Systemic Design applied to energy sector* (Vol.1). Raleigh, NC: Lulu Enterprises, Inc.

Bistagnino, L. (2011). *Systemic Design: designing the productive and environmental sustainability.* Bra, Italy: Slow Food Editore.

Brown, T. (2008). Design Thinking. *Harvard Business Review*, 86(6), 84-92, 141.

Ciravegna, E. (2010). *La qualità del packaging. Sistemi per l'accesso* comunicativo-informativo dell'imballaggio. Milan, Italy: Franco Angeli.

Dixit, V.S., & Gupta, S. (2020). Personalized recommender agent for E-commerce products based on data mining techniques. *Advances in Intelligent Systems and Computing*, 910, 77‐90.

Dorst, K. (2011). The core of "design thinking" and its application. *Design Studies*, 32(6), 521‐532.

Ecommerce Foundation (2019). *Global B2C ECommerce Country Report 2018*. Retrieved from: https://embed.ecommercewiki.org/reports/752/global-b2c-ecommerce-country-report-2018-free/download.

Einav, L., Farronato, C., Levin, J. (2016). Peer-to-Peer Markets. *Annual Review of Economics*, 8, 615‐635.

Eurostat (2018). *E-commerce statistics for individuals*. Retrieved from: https://ec.europa.eu/eurostat/statistics-explained/index.php/E-commerce_statistics_for_individuals.

Fan, W., Xu, M., Dong, X., Wei, H. (2017). Considerable environmental impact of the rapid development of China's express delivery industry. *Resources, Conservation and Recycling*, 126, 174‐176.

Freight Leaders Council (2017). Quaderno 26. La logistica ai tempi dell'e-Commerce. Rome, Italy: Freight Leaders Council.

Hajli, N., & Sims, J. (2015). Social commerce: The transfer of power from sellers to buyers. *Technological Forecasting and Social Change*, 94, 350‐358.

Huang, H., & Benyoucef, M. (2013). From e-commerce to social commerce: A close look at design features. *Electronic Commerce*

Research and Applications, 12(4), 246-259.

International Post Corporation (2019). Cross-border e-commerce shopper survey 2018. Retrieved from: https://www.ipc.be/services/markets-and-regulations/cross-border-shopper-survey.

Ireland, R., & Liu, A. (2018). Application of data analytics for product design: Sentiment analysis of online product reviews. *CIRP Journal of Manufacturing Science and Technology*, 23, 128-144.

Jinwoo, K., & Jungwon, L. (2002). Critical design factors for successful e-commerce systems. *Behaviour & Information Technology*, 21(3), 185-199.

Jamshid, L., Ardeshir, F., & Mingxin, L. (2016). Impacts of home shopping on vehicle operations and greenhouse gas emissions: multi-year regional study. *International Journal of Sustainable Development & World Ecology*, 23(5), 381-391.

Jones, P. H. (2014). Systemic Design Principles for Complex Social Systems. In G. Metcalf (Ed.), *Social Systems and Design* (pp.91-128). New York, NY: Springer.

Jurgenson, N. (2011). *Digital Dualism versus Augmented Reality. The Society pages-Cyborgology*, Retrieved from: https://thesocietypages.org/cyborgology/2011/02/24/digital-dualism-versus-augmented-reality/(para.7).

Jurgenson N. (2012). When Atoms Meet Bits: Social Media, the Mobile Web and Augmented Revolution. *Future Internet*, 4, 83-91.

Kayikci, Y. (2019). E-Commerce in Logistics and Supply Chain Management. In M. Khosrow-Pour, *Encyclopedia of Information Science* and Technology, Hershey, US: IGI Global.

Kerrigan, H. (2018). The on-demand economy. *SAGE business researcher.* Retrieved from http://businessresearcher. sagepub. com/sbr-1946-105131-2873 217/20180108/the-on-demand-economy?type= hitlist&num=4(para.1).

Kestenbaum, R. (2017, April 26). What Are Online Marketplaces And What Is Their Future?. *Forbes.* Retrieved from https://www.forbes.com/ sites/richardkestenbaum/2017/04/26/what-are-online-marketplaces-and-what-is-their-future/.

Lau, R.Y.K., Li, C., & Liao, S.S.Y. (2014). Social analytics: Learning fuzzy product ontologies for aspect-oriented sentiment analysis. *Decision Support Systems*, 65(C), 80 – 94.

Leonard, L. N. K., & Jones, K. (2015). Consumer-to-Consumer Ecommerce: Acceptance and Intended Behavior. *Communications of the IIMA*, 14(1), A.1.

Liu, J., Kauffman, R.J., Ma, D. (2015). Competition, cooperation, and regulation: Understanding the evolution of the mobile payments technology ecosystem. *Electronic Commerce Research and Applications*, 14(5), 372 – 391.

Long, R.Y. (2019 Jan 20). *A guide to sustainable e-commerce-by China's biggest retailer. World Economic Forum.* Retrieved from: https://www. weforum. org/agenda/2019/01/a-guide-to-sustainability-for-online-retailers-by-one-of-the-biggest/.

Maddox, A. (2016). Beyond digital dualism: Modeling digital community. In: J. Daniels, K. Gregory, T. McMillan Cottom, *Digital* sociologies (pp.9 – 26), Bristol, UK: Policy Press.

Manerba, D., Mansini, R., & Zanotti, R. (2018). Attended Home Delivery: reducing last-mile environmental impact by changing customer habits. *IFAC-PapersOnLine*, 51(5), 55 – 60.

Mangiaracina, R., Marchet, G., Perotti, S., Tumino, A. (2015). A review of the environmental implications of B2C e-commerce: a logistics perspective, *International Journal of Physical Distribution and Logistics Management*, 45(6), 565 – 591.

Montreuil, B. (2011). Toward a Physical Internet: meeting the global logistics sustainability grand challenge. *Logistics Research*, 3 (2 – 3), 71 – 87.

Montreuil, B., Meller, R. D., & Ballot, E. (2013). *Physical Internet Foundations*. In: T. Borangiu, A. Thomas, D. Trentesaux (Eds.) *Service Orientation in Holonic and Multi Agent Manufacturing and Robotics*. *Studies in Computational Intelligence*, vol. 472. Berlin, Germany: Springer.

Netcomm (2018). *Libro bianco: Logistica e packaging per l'e-commerce. Le nuove prospettive.* Milan, Italy: Consorzio Netcomm.

Parise, S., & Guinan, P. J. (2008). Marketing using Web 2. 0. In R. Sprague (ed.), *Proceedings of the 41st Hawaii International Conference on System Sciences*, Hawaii, HI, January 2008, IEEE Computer Society Press, Washington, DC.

Regattieri, A., Santarelli, G., Gamberi, M., & Mora, C. (2014). A new paradigm for packaging design in web-based commerce. *International*

Journal of Engineering Business Management, 6(1), 1 - 11.

Robinson, A. (2014). E-Commerce Logistics: The Evolution of Logistics and Supply Chains from Direct to Store Models to E-Commerce. Retrieved from: https://cerasis.com/e-commerce-logistics/.

Suler, J. (2016, January 21). The Straw Man of Digital Dualism. Fifteeneightyfour-Academic Perspectives from Cambridge University Press, Retrieved from: http://www.cambridgeblog.org/2016/01/the-straw-man-of-digital-dualism/.

Thackara, J. (2005). In the Bubble: Designing in a Complex World. Cambridge, US: MIT Press.

The Logistics Institute Asia Pacific (2016). E-Commerce Trends and Challenges: A Logistics and Supply Chain Perspective. Singapore: Asia Pacific White Papers Series.

Tu, J.C., Tu, Y.W., & Wang, T.R. (2018). An Investigation of the Effects of Infographics and Green Messages on the Environmental Attitudes of Taiwanese Online Shoppers. Sustainability, 10(11), 3993.

Van Cleynenbreugel, P. (2017). The European Commission's geo-blocking proposals and the future of EU e-commerce regulation. Masaryk University Journal of Law and Technology, 11(1), 39 - 62.

Visser, J., Nemoto, T., & Browne, M. (2014). Home Delivery and the Impacts on Urban Freight Transport: A Review. Procedia-Social and Behavioral Sciences, 125, 15 - 27.

Wang, X., Lin, X., Spencer, M.K. (2019). Exploring the effects of extrinsic motivation on consumer behaviours in social commerce:

Revealing consumers' perceptions of social commerce benefits. International Journal of Information Management, 45, 163 - 175.

第二章

American Institute for Packaging and the Environment (2017). *Optimizing Packaging for an E-commerce World.* St. Paul, U.S.: AMERIPEN.

Barbero, S., & Tamborrini, P. (Eds.) (2012). *Il Fare Ecologico. Il prodotto industriale e i suoi requisiti ambientali.* Milan, Italy: Edizioni Ambiente.

Birchbox (2015). *Birchbox: Beauty Box.* Retrieved from: https://www.birchbox.com/subscribe/women.

Casarejos, F., Bastos, C. R., Rufin, C., & Frota, M. N. (2018) Rethinking packaging production and consumption vis-à-vis circular economy: A case study of compostable cassava starch-based material. *Journal of Cleaner Production*, 201, 1019 - 1028.

CBA (2017). *Purina Beyond E-Commerce.* Retrieved from: https://www.cba-design.us/what-we-do/purina-purina-beyond-e-commerce.

Dazarola, R., Toran, M., Sendra, M., & Rodilla, A. (2012). Interactions for Design. The Temporality of the Act of use and the Attributes of Products. *Proceedings of NordDesign 2012*, Aarlborg University, Denmark, 22 - 24 August. DS 7.

Dollar Shave Club (2018). Retrieved from: https://www.dollarshaveclub.com/.

Drupa (2015). *Ecommerce packaging is an important part of brand identity.* Retrieved from: https://blog.drupa.com/de/ecommerce-packaging/.

DS Smith (2019). *Transforming e-commerce. Why poor packaging is bad for business and how to avoid it.* Retrieved from: https://www.strategic-packaging.com/download-whitepaper-transforming-e-commerce.

ECC Köln (2015). *Sustainability in online trade* [original title: Nachhaltigkeit im Online-Handel]. Köln, Germany: IFH Institut für Handelsforschung.

EPA (2015). *Containers and Packaging: Product-Specific Data.* Retrieved from: https://www.epa.gov/facts-and-figures-about-materials-waste-and-recycling/containers-and-packaging-product-specific-data.

Eurostat (2016). *Packaging waste statistics.* Retrieved from: https://ec.europa.eu/eurostat/statistics-explained/index.php/Packaging_waste_statistics.

Frustration-free packaging (2018, May 08). Retrieved from: https://www.aboutamazon.com/sustainability/packaging/frustration-free-packaging.

Gallacher, J. (2019, February 18). *Can e-commerce packaging be sustainable?* Retrieved from: http://www.recyclingwasteworld.co.uk/in-depth-article/can-e-commerce-packaging-be-sustainable/209201/.

Higgins, L.M., et al. (2015). Winery distribution choices and the online wine buyer. *The Journal of the Food Distribution Research Society,* 46 (3), 32-49.

How2Recycle (2019). Retrieved from: https://www.how2recycle.info/.

International Post Corporation (2019). Cross-border e-commerce shopper survey 2018. Retrieved from: https://www. ipc. be/services/markets-and-regulations/cross-border-shopper-survey.

Jedlicka, W. (2009). *Packaging Sustainability: Tools, Systems and Strategies for Innovative Package Design.* Hoboken, US: John Wiley & Sons.

Kim, C., Self, J.A., & Bae, J. (2018). Exploring the First Momentary Unboxing Experience with Aesthetic Interaction. *The Design Journal*, 21 (3), 417 - 438.

Limeloop (2017). Limeloop official website. Retrieved from: https://www. thelimeloop.com/.

Macfarlane Packaging (2017). *Unboxing 2017.* Retrieved from: https:// www.macfarlanepackaging.com/unboxing-2017/.

Medium (2018, August 3). *Online vs. offline: what's the deal with the wine market?* Retrieved from: https://medium.com/matcha-wine/online-vs-offline-whats-the-deal-with-the-wine-market-3b1b51ac8aa7.

Montreuil, B. (2011). Toward a Physical Internet: meeting the global logistics sustainability grand challenge. *Logistics Research*, 3(2 - 3), 71 - 87.

Montreuil, B., Ballot, E., & Tremblay, W. (2015). *Modular Design of Physical Internet Transport, Handling and Packaging Containers.* Retrieved from: https://www.picenter.gatech.edu/research/publications.

Need Supply Co. (2015). https://needsupply.com/.

Netcomm (2018). *Libro bianco: Logistica e packaging per l'e-commerce. Le nuove prospettive.* Milan, Italy: Consorzio Netcomm.

NINE（2015）. *How packaging can add value in e-commerce.* Solna, Sweden: BillerudKorsnäs.

Packaging Digest（2019, January 7）. *3 challenges of ecommerce packaging.* Retrieved from: https://www.packagingdigest.com/supply-chain/3-challenges-of-ecommerce-packaging-from-an-insider-2019-01-07（para.10）.

Pålsson, H.（2018, June 29）. *E-Commerce Packaging: Economic and Environmental Performance,* KoganPage. Retrieved from: https://www.koganpage.com/article/e-commerce-packaging-economic-and-environmental-performance.

Returnity（2014）. *Returnity official website.* Retrieved from: https://returnity.co/.

Russell, K.（2015）. Unboxing and the ends of design: A psychology of unpacking. *International Journal of Designed Objects,* 9(2), pp.17 – 23.

Smithers Pira（2018）. *The Future of Sustainable E-Commerce Packaging to 2023.* Leatherhead, UK: Smithers Pira on Packaging.

Smith, P.（2012, June 29）. *Joolz Turns the Humble Cardboard Box Into an Object of Delight.* Retrieved from: https://www.triplepundit.com/story/2012/joolz-turns-humble-cardboard-box-object-delight/64206.

Schwarz, A.（2010, February 9）. *eBay's Shtick in a Box: Reusable Shipping Container Is Innovation Expo-Winning Idea.* Retrieved from: https://www.fastcompany.com/1686645/ebays-shtick-box-reusable-shipping-container-innovation-expo-winning-idea.

Swan, R.（2017, May 24）. *Blame "Amazon Effect" for proposed bump*

in S. F. garbage bills. Retrieved from: https://www.sfchronicle.com/
bayarea/article/Blame-Amazon-Effect-for-proposed-bump-in-11168558.php.

Sustainable Packaging Coalition (2005). *The SPC Position against
Biodegradability Additives for Petroleum-Based Plastics.* Retrieved from:
https://sustainablepackaging.org/wp-content/uploads/2019/04/The-SPC-Position-
against-Biodegradability-Additives-for-Petroleum-Based-Plastics-.pdf.

The Innovation Group (2018). *The New Sustainability: Regeneration.*
New York, US: J. Walter Thompson Intelligence.

Visser, J., Nemoto, T., & Browne, M. (2014). Home Delivery and the
Impacts on Urban Freight Transport: A Review. *Procedia-Social and
Behavioral Sciences,* 125, 15 - 27.

Wallmart (2016). *Sustainable Packaging Playbook A guidebook for
suppliers to improve packaging sustainability.* Retrieved from: https://
www.resource-recycling.com/images/e-newsletterimages/Walmart_Sustainable_
Packaging_Playbook.pdf.

Who Gives a Crap (2019). *Our impact.* Retrieved from: https://au.
whogivesacrap.org/pages/our-impact.

Zappos (2014). *I'm not a box.* Retrieved from: https://www.imnotabox.
com/home.

第三章

Ackoff, R.L. (2004, May 19). *Transforming the Systems Movement.*
Retrieved from https://www.acasa.upenn.edu/RLAConfPaper.pdf.

Buchanan, R. (1992). Wicked Problems in Design Thinking. *Design Issues*, 8(2), 5 - 21.

Cabrera, D., Colosi, L., & Lobdell, C. (2008). Systems thinking. *Evaluation and Program Planning*, 31(3), 299 - 310.

Capra, F. (1997). *The Web of Life: A New Synthesis of Mind and Matter*. London, UK: Flamingo.

Carrillo, J., Vakharia, A., & Wang, R. (2014). Environmental implications for online retailing. *European Journal of Operational Research*, 239, 744 - 755.

Heylighen, F. (2000). Foundations and Methodology for an Evolutionary World View: A Review of the Principia Cybernetica Project. *Foundations of Science*, 5(4), 457 - 490.

Jones, P. H. (2014). Systemic Design Principles for Complex Social Systems. In G. Metcalf (Ed.), *Social Systems and Design* (pp.91 - 128). New York, NY: Springer.

Li, M. (2002). Fostering design culture through cultivating the user-designers' design thinking and systems thinking. *Systemic Practice and Action Research*, 15(5), 385 - 410.

Nielsen (2018). *Connected Commerce Report*. New York: The Nielsen Company.

Pourdehnad, J, Wexler, E.R., & Wilson, D.V. (2011). Systems & Design thinking: a conceptual framework for their integration. Paper presented at the 55th *Annual Meeting of the International Society for the Systems Sciences*, Hull, UK, (pp.807 - 821).

Rith, C., & Dubberly, H. (2007). Why Horst W. J. Rittel matters. *Design Issues*, 23(1), 72 – 91.

Rittel, H.W.J., & Webber, M.M. (1973). Dilemmas in a General Theory of Planning. *Policy Sciences*, 4(2), 155 – 169.

Van Loon, P., Deketele, L., Dewaele, J., McKinnon, A., Rutherford, C. (2015). A comparative analysis of carbon emissions from online retailing of fast moving consumer goods. *Journal of Cleaner Production*, 106, 478 – 486.

第四章

Amcor (2019, February 6). *Omnichannel packaging: The future of ecommerce*. Retrieved from: https://www.amcor.com/about/media-centre/blogs/omnichannel-packaging-future-of-ecommerce.

Beeketing (2019). *Future of Ecommerce in 2019: 10 International Growth Trends*. Retrieved from: https://beeketing.com/blog/future-ecommerce-2019/.

Boiano, R. (2017, December 18). Systemic design ≠ Design systems, *Designers Italia*. Retrieved from: https://medium.com/designers-italia/systemic-design-design-systems-597e2223180f.

Boztepe, S. (2007). User value: Competing theories and models. *International Journal of Design*, 1(2), 55 – 63.

Dans, E. (2019, May 17). The Battle for the Physical Internet. *Forbes*. Retrieved from: https://www.forbes.com/sites/enriquedans/2019/05/17/thebattle-for-the-physical-internet/.

Enfroy, A. (2019, June 27). 5 Future Ecommerce Trends of 2019. eCommerce platforms. Retrieved from: https://ecommerce-platforms. com/articles/5-future-ecommerce-trends-of-2019.

Hattersley, V. (2019, April 11). E-Pack Europe: The challenges and opportunities of e-commerce. *Packaging Europe*. Retrieved from: https:// packagingeurope.com/e-pack-europe-the-challenges-and-opportunities-of-e-commerce/.

Margolin, V. (1997). Getting to know the user. *Design Studies*, 18(3), 227 - 235.

McGuigan, L., & Manzerolle, V. (2015). "All the world's a shopping cart": Theorizing the political economy of ubiquitous media and markets. *New Media & Society*, 17(11), 1830 - 1848.

Nielsen (2016). *Connected commerce is creating buyers without borders*. Retrieved from: https://www. nielsen. com/ph/en/insights/article/2016/ connected-commerce-is-creating-buyers-without-borders/.

Rittel, H.W.J., & Webber, M.M. (1973). Dilemmas in a General Theory of Planning. *Policy Sciences*, 4(2), 155 - 169.

Smithers Pira (2018), *The Future of Global Packaging to 2022*. Leatherhead, UK: Smithers Pira. Retrieved from: https://www. smitherspira.com/resources/2018/february/the-future-of-packaging-trends.

Statista (2016). *Share of global retail e-commerce sales in the United States from 2015 to 2020*. Retrieved from: https://www. statista. com/ statistics/243699/share-of-global-retail-e-commerce-sales-usa/.

van der Bijl-Brouwer, M., & Dorst, K. (2017). Advancing the strategic impact of human-centred design. *Design Studies*, 53, 1 – 23.

Watson, R.T., Leyland, F.P., Berthon, P., & Zinkhan, G.M. (2002). U-commerce: Expanding the universe of marketing. *Journal of the Academy of Marketing Science*, 30(4), 333 – 347.